AF628293

Peter Freytag

Krahjagern, Fuchsriegeln, Dachspassen …

Peter Freytag

Krahjagern, Fuchsriegeln, Dachspassen …

Der „Jaga“ erzählt

Leopold Stocker Verlag
Graz – Stuttgart

Umschlaggestaltung und Repro: DSR Werbeagentur Rypka GmbH, 8143 Dobl, www.rypka.at

Titelbild: Bodo Meier

Alle Fotos im Innenteil des Buches sowie auf der Umschlag-Rückseite wurden dem Verlag freundlicherweise vom Autor zur Verfügung gestellt.

Bibliografische Information der Deutschen Nationalbibliothek
Die Deutsche Nationalbibliothek verzeichnet diese Publikation in der Deutschen Nationalbibliographie; detaillierte bibliographische Daten sind im Internet über http://dnb.d-nb.de abrufbar.

Hinweis:
Dieses Buch wurde auf chlorfrei gebleichtem Papier gedruckt. Die zum Schutz vor Verschmutzung verwendete Einschweißfolie ist aus Polyethylen chlor- und schwefelfrei hergestellt. Diese umweltfreundliche Folie verhält sich grundwasserneutral, ist voll recyclingfähig und verbrennt in Müllverbrennungsanlagen völlig ungiftig.

Auf Wunsch senden wir Ihnen gerne kostenlos unser Verlagsverzeichnis zu:

Leopold Stocker Verlag GmbH
Hofgasse 5
Postfach 438
A-8011 Graz
Tel.: +43 (0)316/82 16 36
Fax: +43 (0)316/83 56 12
E-Mail: stocker-verlag@stocker-verlag.com
www.stocker-verlag.com

ISBN 978-3-7020-2044-6

Alle Rechte der Verbreitung, auch durch Film, Funk und Fernsehen, fotomechanische Wiedergabe, Tonträger jeder Art, auszugsweisen Nachdruck oder Einspeicherung und Rückgewinnung in Datenverarbeitungsanlagen aller Art, sind vorbehalten.

© Copyright by Leopold Stocker Verlag, Graz 2022

Layout: Ecotext-Verlag Mag. G. Schneeweiß-Arnoldstein, Wien

Inhalt

Einbegleitung

Wieder ein Jagdbuch? Wieder eine Aneinanderreihung von Berichten über Jagden mit großen Strecken und starken Trophäen?

Nein, hier findet der geneigte Leser die Aufzeichnungen eines steirischen Jägers, der in bäuerlicher Landschaft weidwerkt, wenngleich er sein Berufsleben draußen im lauten Getriebe der Stadt zu bestehen hat. Als Kind der Landschaft fernab der Stadt taucht er aber immer wieder ein in die Stille der Almen und Bergwälder. Der Autor ist nicht nur als Jäger Teil dieser Landschaft, er nimmt Anteil am Bauerntum, kennt das Gemüt der Forstleute und jagert bescheiden in dieser Gemeinschaft mit stiller Freude und Innigkeit im Jahrlauf der Bauern und Kirchenheiligen.

Als Weidmann nimmt er die Vielfalt des Wildes in seinem ihm durch die Jahrzehnte vertrauten Revier wahr, jagert auf Krähe, Schnepf, Haselhahn, Reh und Gams, Fuchs, Dachs und Hase … Er eignet sich diese Beute nicht per Zufall an, er sucht sie mit Erfahrung, Ausdauer und Geschick. So wird ihm jede noch so bescheidene Beute zum nachhaltigen Glück. Die Jagd in diesem Landstrich ist ihm zur Heimat geworden.

Tauchen Sie in diesem Buch ein in einen Geist, der im Verschwinden ist, der uns aber jagdlich wie auch gesellschaftlich in eine gute Zukunft weisen kann.

Hannes Kollar
(ehemals Chefredakteur der Jagdzeitschrift „Der Anblick“)

Vorwort

Mein Leben …

… war und ist vom Anfang bis zum Ende bestimmt von und geprägt durch die Jagd. Alles in meinem Leben lässt sich vor diesem Hintergrund erschauen, ableiten und ausdeuten. In einer „anderen Welt“, vor mehr als einem halben Jahrhundert, also knapp nach dem Ende des großen Krieges, begann mein jagarisches Leben mit bescheidensten Anfängen und verlief über alle Höhen und Tiefen bis hin zu einer gewissen Abgeklärtheit heute. Viele Schicksalsschläge und Wundmale körperlicher und seelischer Natur, neben nicht unbedeutenden kleineren Schrammen und Kratzern, von frühester Jugend bis ins gereifte Mannesalter, haben es mitgeprägt.

Das erste und wohl größte körperliche Mal meines Lebens: die Folge eines durch kindlichen Leichtsinn verursachten Unfalls beim frühjährlichen Überprüfen der Vogelnester auf der Hauslinde. Gerade noch haarscharf mit dem Leben davongekommen, war die Verstümmelung der linken Hand eine bleibende Einschränkung, auch für das alsbald einsetzende jagdliche Tun.

Danach, das größte ökonomische Wundmal: der erpresserisch durch den ältesten Spross zerrissene Bund „bis dass der Tod euch scheidet“.

Das größte seelische Leid daraufhin: das Verlassenwerden, der Verlust der vermeintlich großen Liebe des Lebens mit der späten Erkenntnis, dass alles doch nur Spuk und Trug war. Kein Wunder, dass danach die Geißel des Jahrhunderts in voller Schärfe zuschlug. Doch war mein Lebenswille stärker und meine Zeit noch nicht abgelaufen – zu viel war noch zu tun auf dieser Welt und letztlich auch in den neuen Jagdgründen.

Es war dies auch die Zeit der intensivsten hauptberuflichen Tätigkeit, welche ich neben der Arbeit für die Hube und die Jagdhütte schaffen musste – die Zeit, in der ich bereits mehr als die halbe Lebensspanne überschritten hatte. Diese Schicksalsschläge auf allen Ebenen konnten mir aber nicht die Bescheidenheit, die Sparsamkeit und auch nicht den Fleiß nehmen. Das Überleben dieser Zeit war nur durch eine anspruchslose, sehr eingeschränkte und asketische Lebensweise – einige Jahre ausschließlich auf der Jagdhütte – möglich. So wird der Mensch nicht nur gefordert, sondern auch geformt. Als Kind der Kriegs- und Nachkriegszeit musste und durfte ich lernen, mit wie wenig ein Mensch auskommen kann. Später galt es zu unterscheiden, was darüber hinaus nur Schein und künstlich geschaffene Bedürfnisse waren: Unding und Werbung, Mode und Magazine, Glanz und Glamour, Kram und Kitsch. Damit erfuhr ich eine starke Prägung zum Asketen, welche ich zeitlebens nicht mehr ablegen konnte, auch dann nicht, als alles in Fülle greifbar war.

Ich wusste damals noch nicht, dass jedes Schicksal gut ist, wenn es nur erkannt und angenommen wird. Nie habe ich gefragt: „Warum, warum gerade ich?" Nur einer weiß es – das musste genügen. Was mich durch die große Einsamkeit, ja auch durch die Wut und den Zorn dieser Zeit trug, war allein die Jagd, das Einzige, was mir geblieben war und mir niemand nehmen konnte. Demnach wurde diese Zeit auch zu einer der jagdlich intensivsten. Ich wüsste nichts, was mir in meinem Leben mehr Freude bereitet hätte als die Jagd. Sie war und ist der einzige Lebensbereich, der mir – auch in schwierigen und kritischen Zeiten – immer wieder Freude und Glück, aber auch Trost und neuen Lebensmut brachte. Die Jagd ist der Menschheit als Urtrieb des Lebens (neben weiteren) vor Jahrmillionen in die Wiege gelegt worden und ist eine der bestimmenden Kräfte im Leben des Menschen. Ihre Erfüllung gibt Freude, und Freude gibt Lebenskraft – ist der Lebensmotor.

Wenngleich ich in meinen Brotberufen nicht gerade erfolglos war und sie mich auch, besonders in den späteren Phasen, mit

Freude erfüllten, war meine wirkliche und wahre Berufung die Jagd, das Land und der Forst.

Der Hintergrund meines jagdlichen Werdens

Schon im zarten Vorschulalter und später jeweils in den Sommerferien verbrachte ich viel Zeit am Pleschkogel bei meinem Onkel, den Großvaters Fleiß hier herauf auf einen Hof mit Gastwirtschaft (Pleschwirt) gesetzt hatte, und so wuchs ich von Kindesbeinen an am Land mit dem Wald und der Jagd auf. Erreichbar war der Pleschkogel, der zweite Hausberg der Grazer, für mich im Kindesalter nur unter dem Schutz des fuhrwerkenden Hofknechtes, der zweimal die Woche alles für Haus und Gasthof Notwendige heraufbrachte. Der Fuhrwagen, auf den ich meinen Rucksack legen durfte, wurde von zwei Haflingern über die steilen, steinigen Hohlwege gezogen. Später dann, im Jugendalter, erreichte ich den Pleschkogel vom Elternhaus aus, zu Fuß, unter Ausnützung aller Abkürzungen in guten zweieinhalb Stunden zu jeder Jahreszeit.

Als sich der Besitz des Onkels durch Tausch und Kauf zur Eigenjagdgröße rundete, durfte ich als Kind schon mit dabei sein: mitgehen, mitfühlen, miterleben, Wald und Wiese, Weg und Steg, sitzen und schwitzen, Gewitter und Gewalten, Stunde und Stimmung ... So wuchs ich hinein in meine zweite und eigentliche Heimat rund um den Plesch, mit seinen damals noch vielen Huben und Halten, Bauern und Taglöhnern, Mägden und Knechten. Jause tragen, Post machen und sonstige kleine Tätigkeiten wurden mir schon übertragen. Mit der unvergesslich guten Hausbutter auf dem hausbackenen Brot aus der Hand der alten Köchin begann jeder Tag, jeder einzelne brachte immer wieder Neues und Interessantes: Onkels Nachschau bei den Mähern, Holzknechten, Vieh und Bienen. All das wurde mir vertraut und ist mir tief ins Herz gewachsen. Wenn er, ob der Weite des Weges, das Pferd nahm, musste ich zurückbleiben, aber auch diese

Zeiten brachten viele Entdeckungen und Neues im Hof und der näheren Umgebung, in Ställen und Stadeln.

Es war Besatzungszeit, Zoneneinteilung, Identitätsausweispflicht mit sonstigen Einschränkungen wie abgelieferten, aber auch versteckten Gewehren und dergleichen. Die Gesellschaft war noch weitgehend autofrei, das Hinterland, die Gegend entsprechend straßenfrei.

In der allerersten Phase meines Jägerdaseins war ich „Schwarzausgeher“ unter Duldung meines Onkels, der neben politischen Günstlingen schon Mitpächter der angrenzenden Gemeindejagd – die meine spätere jagdliche Heimat werden sollte – war.

In der jagdlichen Heimat

Die erste ordentliche Jagdvergabe der Gemeindejagd nach dem Kriege erfolgte dann Anfang der Fünfzigerjahre. Damit wurde neben meinem Onkel auch mein Vater einer der sechs Pächter.

Pleschwirt, der „personelle Mittelpunkt“

Ich erhielt meinen ersten offiziellen Begehungsschein für das 2.000 Hektar große Revier und war nur eingeschränkt durch die Grenzen des natürlichen Radius der möglichen fußläufigen Erreichbarkeit. Man musste gut bei Fuß sein – und das war ich immer. Die Hoffnung trug mich, und hernach trug ich den Rehbock oder das Winterreh hinauf in den Plescher Wildkeller.

Stütz-, Ausgangs- und Mittelpunkt war der Pleschwirt, von dem alle jagdlichen Aktivitäten ausgingen und wo sie auch endeten. Er liegt jedoch außerhalb des Gemeindejagdreviers, diesem quasi vorgelagert. So war es unumgänglich, dass die Erreichung der meisten Pirschplätze nur mit Übernachtungen in Stadeln, Heuhütten, aber auch in uns offenstehenden Bauernhäusern möglich war, was natürlich als angenehmen Nebeneffekt einen intensiven Kontakt mit der bäuerlichen Bevölkerung ergab. Die langen Wege brachten aber auch viel Nützliches mit sich: Begegnungen, Informationen, Neuigkeiten, eigene Erfahrungen, Beobachtungen, Sichtungen. Nach solchen Samstag-Sonntag-Touren wusste man viel aus dem Revier. Die Bauern berichteten von allen Hühnern, die der Fuchs geholt hatte, von allen Bohnen, die die Rehe am Hausackerl abgefressen hatten, von allen Lärchen, die der Bock verschlagen hatte, und von allen Hunden, die wildernd in den letzten Wochen unterwegs gewesen waren.

In dieser unsteten Zeit wurde die Sehnsucht nach einer festen Bleibe immer größer. Mein Streben und Suchen war auf ein Zuhause im Revier gerichtet, welches nach dem ersten Jahrzehnt des Vagabundierens in Form einer völlig verwahrlosten und herabgekommenen Hube mit einer ebensolchen provisorischen Holzknechthütte seine Erfüllung fand und für mich alles Glück auf Erden bedeutete. Erworben nur mit dem Verdienst aus Ferialarbeit und noch lange vor der Flut von Wochenendhäusern am Waldesrand für jedermann. Es begann eine bescheidene Aufbautätigkeit. Ich war nicht mehr auf Fremdnächtigungen angewiesen und konnte die Familie nach- und mit einbeziehen. Die Lage war jagdlich großartig – im Flächenschwerpunkt des Reviers. Jeder Revierteil und Winkel war fußläufig erreichbar, was damals und

Die Hube mit der Jagdhütte

für mich heute noch sehr wichtig ist, denn ich will gerecht jagen und nicht Autofahren.

Hier werkte und wirkte ich kleinweis und nebenbei ohne Mittel – von hier aus jagte ich nun – inzwischen verheiratet und mit einer Schar von Kindern gesegnet. Es begannen Rodungen, Planierungen, Kultivierungen im landwirtschaftlichen und Straßenbau im forstlichen Bereich sowie Sanierungen, Auf- und Ausbau der bescheidenen Gebäude, Pflege und Gestaltung zu einem kleinen Gütl. Im Nachhinein betrachtet war es das Lehrstück im Kleinen für die später folgenden neuen Jagdgründe.

In diese Zeit fiel auch die Übernahme der Arbeit als Jagdschutzorgan aus der Hand unseres allseits geschätzten und meines großen Lehrmeisters, unseres Jägers Johann Zettl, für zwei Jagdpachtperioden, bis ich dann selbst in den Pächterstand aufrückte, den ich nun schon in der sechsten Periode, mit mehr oder weniger Ämterkumulierung, innehabe und in der ich die inflatio-

*St. Pankrazen,
der „dörfliche Mittelpunkt“*

näre Entwicklung von sechs auf achtzehn Mitpächter miterleben musste.

Mein jagdlicher Werdegang gliedert sich in drei Abschnitte – vielleicht auch Lebensdrittel: Vom Ausgeh-, Hilfsjäger und Jagdschutzorgan in absolut dienender Funktion, zum Jagdpächter in allen denkbaren Funktionen, bis schließlich später zum „Jagdherren" – mir fällt kein bescheideneres Wort ein – nachdem mir durch überraschende Fügung und eigener Kraft ein eigenes Revier zuteilwurde, wovon dann an anderer Stelle zu gegebener Zeit berichtet werden soll.

Aufsichtsjäger Johann Zettl

Ich habe alle Befindlichkeiten des jagdlichen Seins, wie es so schön heißt, „von der Pike auf" durchgemacht, mit Höhen und Tiefen, Freuden und Enttäuschungen, Verlogen- und Gemeinheiten, Schönheiten und Scheußlichkeiten, Freundschaften und Anfeindungen, Neid und Hass, Spannung und Gelöstheit, Glück und Traurigkeit bis zu einer gewissen Geläutert- und Gelassenheit und bin damit etwas über die Dinge hinausgewachsen.

So möchte ich nun von Erlebnissen in meiner „jagdlichen Heimat" erzählen, die sich vom Pleschwirt, dem personellen, bis St. Pankrazen, dem dörflichen Mittelpunkt der Gemeindejagd erstreckt. Der Bogen des jagdlichen Geschehens spannt sich von „Vielfältigen Jagderlebnissen" über „Fast vergessene Jagdarten" bis hin zu „Immer wieder Rehe" und „Unsere Waldgams".

Vielfältige Jagderlebnisse

Die Vielfalt in der Jagd ist heute leider großteils verloren gegangen. Aber die Jagd kann auch heute noch vielfältig sein – wenn man diese Vielfalt sucht. Allerdings erfordert das viel Zeit! Wer hat heute noch Zeit, besser gesagt, wer nimmt sich diese noch?

Dieser Verlust der Vielfalt ist leider auch in der Land- und Forstwirtschaft zu beobachten: Dauergrünland in den Berggebieten und Mais in den Feldrevieren sowie Fichtenmonokulturen im forstlichen Bereich. „Vielfalt, Diversität, Biodiversität" sind heute nicht nur Schlagworte, sondern Forderungen des Klima- und Naturschutzes. Besonders in der Forstwirtschaft sind auch schon mit der Vielfalt der Baumarten als Grundlage für stabile Mischwälder hoffnungsvolle Ansätze für den „zukunftsfitten" Wald zu erkennen.

Für mich zeigen besonders meine Krähenjagderlebnisse, wie vielfältig die Jagd sein kann, und dass die Jagd auch auf „nur Krähen" ebenso spannend und abwechslungsreich wie auch stimmungsvoll und erholsam sein kann. Eine kleine, aber feine Jagd, frei von Abschussplan, Klassen und Meldekarten, aber nicht weniger anspruchsvoll und fordernd.

Alle heimischen Wildarten konnte und durfte ich in meiner jagdlichen Heimat erlegen, und von allen – außer dem Rotwild – auch jeweils mein erstes Stück, begonnen mit dem ersten Wildschwein bis zur ersten Schnepfe.

Wenn einem diese jagdliche Vielfalt mitunter als Beute eines Tages geschenkt wird (wie in „Bunte Herbststrecke" beschrieben), ist das nur als Sternstunde im jagdlichen Leben und als besondere Gnade von oben zu sehen.

Die Jubiläumspirsch

Zur Erinnerung und zum Angedenken an den Beginn meines Jägerdaseins mache ich jeweils am Jahrestag der Erlegung meines ersten Stückes eine Morgenpirsch – wie damals. Insbesondere in dem Jahr, als sich dieses Ereignis zum unglaublichen fünfzigsten Mal jährte, tat ich das mit Freude, aber auch mit leiser Beklemmung ob der Geschwindigkeit, mit der das Leben dahingeht – ein Hauch, ein Vorübergang.

Damals, lange vor meinem Mittelschulabschluss durfte ich die nahe liegenden Gebiete der Gemeindejagd, in der mein Onkel Pächter war, bejagen. Dies freilich nur mit Duldung meines Onkels und unter Umgehung des an der Schnittstelle des Weges in einer Keusche wohnenden damaligen Jagdleiters, der in meine Umtriebe nicht eingeweiht war. An Jagdausrüstung besaß ein Jungjäger damals nach dem Zweiten Weltkrieg – nicht viel: Meist alte, ausrangierte, umgemodelte Kleider, eine kurze Lederhose aus Knabenzeiten, Vaters ehemalige Kniebundschihose, in die Mutter ein Knickertascherl eingenäht hatte, Röckl und Hütl sowie alte, doppelt geschnürte Schischuhe komplettierten meinen Aufzug. Nicht zu übersehen ein abgetragenes Flanellhemd – das musste absolut nicht grün sein – mit dem dritten Kragen, der zweite war der obligatorische Reservekragen, der dritte und letzte wurde dann aus dem Stoff des „Hemadstockes“ (das ist der untere rückwärtige Teil des Hemdes, der in die Hose gesteckt wird) gefertigt, wo dann als Ersatz ein anderes Stück Stoff eingesetzt wurde. Bewaffnet war ich nach strenger und eindringlicher väterlicher Belehrung und Ermahnung mit dessen legendärer Wunderwaffe, dem kleinen originalen Mannlicher-Schönauer, der im Versteck über die erste Nachkriegszeit hinübergerettet worden war. Als Fernglas besaß ich ein „Beutestück“ von der damals aus dem Ennstal abziehenden amerikanischen Besatzungsmacht, wohin wir zu Kriegsende geflüchtet waren.

Einquartiert in Onkels Gastwirtschaft, machte ich jeweils eine Morgen- und Abendpirsch, über die ich immer genau berichten musste. Auf einen Rehbock sollte es damals gehen, nachdem ich schon im vorigen Herbst Hasenpassen durfte. Nun begannen im großen Pachtrevier die ersten ordentlichen Gehversuche und zogen immer größer werdende Kreise.

Die denkwürdige Morgenpirsch Mitte Juli führte mich auf einem alten Karrenweg vor Tau und Tag Richtung Grabenwarterkogel, einem Revierteil, der mein weiteres Jägerleben bestimmte, im Laufe der Zeit immer wieder für neue Überraschungen sorgte und unzählige Jagderlebnisse brachte. Vorbei an vorliegenden Weiden, Wiesen, Ackerln, vorbei am sonnseitig hingebreiteten Gehöft, die Umrisse der mächtigen Dächer und der säumenden Baumkronen wurden im langsam grauenden Morgen erkennbar, Hofgeräusche und Hofgerüche hör- und riechbar. Ich kam zum sogenannten „Schluchtackerl“ (tatsächlich eine sanfte Mulde) mit seinen unregelmäßig geschwungenen Begrenzungslinien, danach verlaufend, wie die Pflugscharen gerade fruchtbaren Boden zwischen den steinigeren Stellen fanden, auf welchen dann auch die ausgebauten Feldsteine zu sogenannten Steingröbeln zusammengetragen worden waren. Am Rande dieses „Schluchtackerls“, auf dem der Hafer gerade milchig wurde, kam von oben entlang des abgestuften Randes, gerade in Umrissen schon sichtbar, ein großes, schwarzes Etwas gegen den am unteren Rand vorbeiführenden Weg zügig herunter, sodass ich Angst haben musste, einen Zusammenstoß zu riskieren. Ich hatte so etwas noch nie gesehen und konnte nur annehmen, dass es sich um ein Wildschwein handelte.

Unter Ausnützung der etwas deckenden Wegkante wich ich sofort zurück und versuchte, am gegenüberliegenden Feldrand im tautriefenden, hochsommerlangen Futter hinaufzukommen, um einen Überblick zu bekommen. Tatsächlich gelang es mir sogar, ein hohes, überwachsenes Steingröbl zu erreichen und

*Der „Grabenwarter“,
im Hintergrund die „Krügl-Leiten“ mit dem „Krügl-Loch“*

darauf kniend meine Utensilien auszubreiten, gleichzeitig die Büchse am Stock anzustreichen, zu entsichern und zu stechen. Inzwischen war es schon Schusslicht geworden. Das wilde Schwein setzte seinen eingeschlagenen Weg fort, auf jedem Absatz ein Haberl machend, was ich leider zitternd, bebend, schlotternd aus Angst vor dem Schuss nicht nützen konnte, bis es weiter herunten in die Halmfrucht eintauchte und fürs Erste meinen Blicken entschwunden wäre, wären da nicht von Regen und Wind niedergeworfene Stellen gewesen, auf die ich von meinem erhöhten Platz gut einsehen konnte. Als das dramatische Geschehen immer rascher seinem Höhepunkt zustrebte und die Sau plötzlich auf so einem Flecken wieder sichtbar war, wurde ich den Schuss irgendwie los. Die Sau fuhr hoch, um im dichten Hafer zu verschwinden. Da hockte ich nun und wusste nicht, ob ich lachen oder weinen sollte. Es rührte sich nichts – was war überhaupt geschehen? War ich aus einem Traum erwacht, war es doch Wirklichkeit? Mein siebzehnjähriges Denkvermögen war einfach überfordert, so wartete ich benommen und mit gebanntem Blick auf den Haferacker und seine Umgebung. Die Welt um mich schien wie aufgelöst, war wie versunken, ich nahm sie nicht wahr, sie war nicht da. Das Geschehen hatte mich entrückt, bis mich das scharf zischende Geräusch des Sensenwetzens vom Hof her in die Wirklichkeit zurückholte. Der Altbauer begann – nicht wissend was geschehen war – Sauklee zu mähen, und ich wagte mich nun auch aus meinem niedergeknotzten Nest zu erheben.

Es war ja auch schon hell und musste so gegen vier Uhr geworden sein. Misstrauisch, verwundert und fragend, seinen Kopf mit dem langen, gezwirbelten Schnauzbart wiegend, blickte er mir entgegen, obwohl ich ihm nicht mehr ganz unbekannt war. Nachdem er die Kraxe Sauklee zum Hof getragen hatte, kam er wieder, um mit mir Nachschau zu halten, mit der unvergesslichen und vielsagenden Bemerkung: „Hast mir wohl ka Ärcha o'gschossen?", was die Spar- und Genügsamkeit unserer Bergbauern der damaligen Zeit, denen kein Geimerl Tabak zu Boden gefallen wäre, ohne dass sie es wieder aufgehoben hätten, zeigte.

Deutlich war die Fährte im Halmenmeer sichtbar, der Altbauer wollte nicht vorgehen, und so musste ich, vorsichtshalber mit schussbereiter Büchse im Halbanschlag, Schritt für Schritt vorausgehen, bis wir vor der verendeten, gewaltig und schaurig anmutenden Sau – einem Überläuferkeiler – standen, staunten und stammelten. Ich wusste nicht, wie mir geschehen war ...

So halmschonend wie möglich, auf derselben Spur, auf der wir hereingekommen waren, zogen wir das Wildschwein gemeinsam hinaus zum Rand, um keinen weiteren Schaden anzurichten. Der Bauer holte das „Saumesser“ und war mir beim Aufbrechen behilflich. Dann lag dieses urige Wild sauber hingebettet in der Wiese, in der Morgenfrische eines schönen Mittsommertages, und ich musste mich beeilen, zum Pleschwirt zu kommen, um Meldung zu machen.

Der Onkel, am Küchenfensterbankl in seinem Kaffeehäferl rührend, schenkte mir keinen Glauben, zweifelte an meinen Aussagen, ja, zog mich ins Lächerliche und wies mich zurück. Nur sehr langsam nahm er meine Bezeugungen nach ehrenwörtlicher Versicherung kopfschüttelnd ernst und setzte fragend nach, so dass ich die ganze Geschichte immer detaillierter erzählen konnte ...

Ein Fuhrwerk wurde mit Reisig belegt, und wir fuhren zurück an den Platz des Geschehens.

Doch was bot sich uns da für ein Bild? Meine Sau war von einer Menschenmenge umringt. Dieser große Bergkessel ist von zwei Gehöften, einer Keusche und einer Hube umsäumt, welche damals noch von vielen Leuten bewohnt waren. Und alle waren sie da, um das nie gesehene Wunderding zu bestaunen. Es wurde gescherzt und gelacht, gestaunt und gefragt, gelobt und beglückwünscht. Ein Stück Schwarzwild gehörte damals dem Schützen, weshalb meine Sau mit dem Fuhrwerk zu meinem Elternhaus transportiert, von einem bekannten Fleischer aufgearbeitet und zur allgemeinen Bereicherung des in der Nachkriegszeit eher kargen Speisezettels der Verwandtschaft wurde. Diese Sau war aber nicht nur mein erstes Stück Wild überhaupt, gestreckt mit dem ersten Kugelschuss meines Lebens, sondern auch das einzige Stück Schwarzwild, welches in der Gemeindejagd Gschnaidt bis dato gefallen war.

„Was mit einer Sau beginnt, kann nur Glück bringen" – und bestimmend für ein Jägerleben sein – könnte man abergläubisch vereinfachend sagen. Ich hätte überhaupt keine Trophäe von meinem ersten Stück Wild, weil ich an so etwas nicht gedacht hatte – kein Foto, kein noch so bescheidenes Gewaff, keinen Bart – hätte nicht Vater die Schwarte lohgerben lassen und mir aus dem Schweinsleder ein ledergebundenes Jagdtagebuch, ein paar Lederhandschuhe, eine Brieftasche und ein Hufeisengeldbörsl machen lassen, Utensilien, welche ich heute noch besitze und benutze. So habe ich praktisch diese heidnisch-abergläubischen Glücksymbole – Schwein und Hufeisen – wie ein Amulett täglich benützend, immer bei mir. Gäbe es eine schönere Trophäe?

50 Jahre danach konnte mich meine Morgenpirsch natürlich nicht mehr in das Gebiet meiner verbrämten Jugendzeit führen – es ist nicht mein Revierteil. In einen weit abgelegenen, wenig begangenen, schwer zu bejagenden, durch Käufe und Grenzziehung in schmale Zungen zerstückelten Revierteil wollte ich mich zu betrachtender Einkehr wenden. Herauf aus dem Lochschustergraben war ich in ein nahezu reines Waldgebiet gekommen, mit nur einer einzigen großen Hutweidefläche auf uraltem Siedlungsboden mit Schneiteleschen um die Ruinen der ehemaligen Hofstelle. Die abnehmende Mondsichel stand am Himmel, die schwüle, drückende Trockenheit dieses Dürrejahres lag in der Luft.

Vieles hatte sich geändert in diesem generationenübergreifenden halben Jahrhundert; für mich, für unsere Jagd und die Jagd im Allgemeinen sowie für die gesamte Lebenssituation der Menschen im ländlichen Raum. Die Erschließung des ländlichen Raumes mit allen infrastrukturellen Einrichtungen wie Straßen, Strom, Wasser und Telefon und allen damit verbundenen gewaltigen, nie dagewesenen Umwälzungen habe ich miterlebt. Auch die Umwandlung der Bevölkerung von der rein bäuerlich geprägten hin zur sogenannten pluralistischen Gesellschaft. Was das bedeutet, kann nur jemand verstehen, der das Schritt für Schritt, oft schmerzhaft, hilflos zusehend, miterleben musste – doch wie sagt der Volksmund: „Was einmal war, kommt nicht wieder“, oder in Abwandlung eines weisen Spruches: „Jede Zeit hat ihr Gesicht“ – jede Zeit hat das Gesicht und den Geist, die sie verdient.

Nach dem Frühansitz an den Weideflächen um die Hofstelle folgte meine vormittägige Blattpirsch auf dem leicht ansteigenden, den Riegeln und Mulden folgenden, durch magere Altbestände führenden Steig auf den Ronnerkogel. Nicht Beute und Strecke waren das Ziel, sondern die Pirsch und das Blatten, absichtsloses Sein in der Rückschau, mit mir selbst und meiner Vergangenheit. An einer bestimmten Stelle des Steiges gedachte ich meines ersten Hasen, der hier auf meiner ersten Hubertusjagd fiel.

Es war gut Halbvormittag geworden, heiß glasig die Luft. Um einen Riegel kommend stand am Steig vor mir auf achtzig Schritt, irgendwie unschlüssig, ein Schmalreh, schwach, der Rücken heraussstehend. Sofort versuchte ich, über den Gabelstock in Anschlag zu gehen. Das Reh verschwand aus meiner Sicht, wurde aber nach einigen Schritten in einer Biegung des Steiges wieder sichtbar – ich musste ebenfalls nachrücken – als es hochplärrend zu schrecken begann. Ein von hinten eingefädelter, zittriger Schuss wäre möglich gewesen. Da drehte es zurückverhoffend den Träger zu mir, und der Schuss war draußen. Es lag im Feuer am Steig, mit einem Loch durchs armdünne Trägerchen.

Ein bescheidenes Jubiläumsgeschenk im Vergleich zur spektakulären Strecke aus Jugendtagen, das mich aber in Anbetracht des halbhundertjährigen Jahrestages mit Freude erfüllte. Der imaginäre Berührungspunkt von damals und heute jedoch lag tief drinnen im dankbaren Jägerherzen.

Krahjagern

Die sogenannte „jagdlose Zeit“ hat es für mich nie gegeben, es gab immer die Jagd auf Fuchs, Dachs und Marder in dieser Zeit, und später kamen die Krähen dazu. Nachdem ich Anfang der Achtzigerjahre, etwa nach fünfundzwanzig Jagdjahren, einen Blockstutzen im Kaliber 5,6 x 50 R erworben hatte, begann ich mit der Jagd auf Krähen, und das war für mich der Start in ein Jahrzehnt des intensiven Krahjagerns. Mein Vater und ich hatten uns je einen Blockstutzen Marke Rauchenwald vom Erfinder und Erzeuger dieses Systems in Treibach-Althofen (Kärnten) bauen lassen. Er seinen mit Achtkantlauf, Schuppenfischhaut und erhabener Gravur, ich meinen ganz glatt in schwarzer Ausführung als reine Funktionswaffe. Der „schönere“ und größerkalibrige wurde mir später zum Erbe, und seitdem jage ich nur mehr mit diesen beiden Blockstutzen. In schönster Erinnerung sind mir die mehrmaligen Fahrten im VW-Käfer über den Packsattel und das Klippitztörl nach Althofen zu den interessanten und spannenden Besprechungen mit dem Büchsenmacher geblieben.

Das Krahjagern mit der kleinen weittragenden Kugel war eine Jagd des Punktschusses, meist aus Stadelluck’n, Haustüren, Gehöften oder Schuppen, aber auch über Zäune, Holzstapel, Siloballen oder über das Autodach. Dabei galt „getroffen oder gefehlt“, wobei Letzteres mir kaum passierte und ich mich trotz meiner Behinderung an der linken Hand zum soliden Kugelschützen herausmauserte. Nicht ganz ungefährlich ist dabei das Begehen von alten Stadeln, es ist Ortskenntnis und große Vorsicht geboten, zu leicht kann man da auf Heuresten gehend durchbrechen, in einen Heuabwurf treten oder über altes Gerät stolpern.

1983 eröffnete ich die „Krahsaison“ am Neujahrstag zu Mittag beim Leuzbauer mit einem „Turmschuss“: Über einen im Hof aus drei Stiefelstecken zusammengestellten Bock als Anlegehilfe zielte ich auf die auf der großen Hauslinde des Nachbarn aufge-

baumte Krähe, die zum großen Erstaunen und nachfolgendem Gerede des Leuzbauer Schurl wie ein Stein herunterstürzte. Ein guter Jahresbeginn mit diesem schönen Schuss. Die nächste erlegte ich dann von der Esche am Weidezaun unterm Haus aus der Presshütte heraus. Das ergibt einen stimmungsvollen Einblick in den Hintergrund der kleinbäuerlichen Welt von damals mit Bildern von Schwarstein, Pressspindel und dem schönen altsteierischen Spitzgiebel des Stadels.

Die erlegten Krähen wurden meist eingefroren, um sie dann im Frühjahr an die Landwirte weiterzugeben, welche sie zur Abschreckung anderer Krähen und zum Schutz für die aufgehenden Saaten gegen das Herausziehen der sprießenden Sämlinge aufhängten. Auch wenn es heute in unseren Breiten nur noch „eintöniges Grünland“ gibt, sind die Krähen nach wie vor gefürchtet – wegen des Aufpickens der Siloballen; heute sind diese Beutestücke bei den Krähen sehr begehrt.

Die günstigsten Bedingungen für diese Art von Krähenjagd sind bei Schneefall oder geschlossener Schneedecke gegeben. Dann konzentrieren sich die Krähen auf die letzten irgendwie offenen Stellen, wie z. B. warme, dampfende Misthaufen. Hingegen bekam ich auf z. B. einer kilometerlangen „Krahfahrt" Ende Jänner bei minus 22 Grad keine einzige in Anblick – es war zu kalt und daher war alles Fressbare gefroren. Zeitlich gesehen ist der Vormittag der beste Zeitpunkt zum Krahjagern.

So auch an diesem tiefverhangenen, grauen Winter-Vormittag, als ich das schwarze Volk beim Gehöft vulgo „Schorn" entdeckte. Ich kam von hinten in den Stadl, um eine günstige Spalte in der Verbretterung zu finden, ebenso eine Leiter und einen Schragen als Auflage und zum Abstützen, um einen gezielten weiten Schuss bis zum Dörrhäusl hinaus auf eine der im Geäst schwer sichtbaren schwarzen Gesellen anzubringen – sie kippte schön vom Baum. Doch auch nach langem Suchen rund um das Dörrhäuschen fand ich die Krähe nicht. Erst als ich ratlos weggehen wollte und zurückblickte, sah ich sie im kahlen dichten Dürrgeäst des Mostbirnbaumes hängen.

Bei Schneefall verbrachte ich manchmal den ganzen Tag auf der Krähenjagd. An einem dieser Tage fiel die erste in die Sautratte des „Wolf am Eck" – in zwei Teilen, und war daher unbrauchbar, die zweite vom „Bernhofer" Apfelbaum vor dem Haus, gedeckt angegangen hinter geschichteten Hiefelstecken. Da meine Tätigkeit im Haus nicht unbemerkt bleiben konnte, musste ich den Rest des Nachmittages, bis für die Bauersleute die Stallzeit kam, einkehren auf Tee und ein ausgiebiges Gespräch.

Diese Art von Jagd darf und kann natürlich nur in Absprache mit den Bauern erfolgen und muss ausdrücklich gestattet – ja, in manchen Fällen sogar erwünscht – sein, dringt man dabei doch gewissermaßen in die intimsten Bereiche eines Hofes ein. Die Häuser, Höfe, Stadel und Schuppen, Düngerstätten und Obstgärten werden zum Jagdrevier.

Nach diesem geglückten Abschuss von drei Krähen war am nächsten Tag keine mehr in Reichweite zu sehen, ja, sie standen schon beim Anblick meines markantfarbigen Fahrzeuges in

200 Metern Entfernung auf und strichen ab. Da musste dann eine Pause von mehreren Tagen bis zu einer Woche eingelegt werden.

Bei milder Wintersonne Mitte Februar scheitert ein Versuch aus dem „Klein Geschnaidtwirt"-Stadel direkt im Dorf durch mein Verschulden. Die Krähen saßen unterhalb im schneebedeckten Geäst der Randbäume und warteten auf eine störungsfreie Gelegenheit, um auf den offenen Misthaufen zu streichen. Ich verursachte nur ein knarrendes Geräusch beim Zusammenfahren in der Ausschussspalte, und alles war vorbei. Auf der Rückfahrt zu meiner Hütte saß eine auf den Fichtenwipfeln unterm „Schneiderhans-Haus". Ich fuhr sofort von der Landesstraße abzweigend zum erhöht liegenden „Leuzbauer-Kreuz", und ein abgezirkelter Punktschuss holte sie herunter, nur zwei Bäume weiter von der gestrigen vor dem Hintergrund der Dorfsilhouette.

Etwa einen Monat später, wieder beim Heimfahren nach erfolglosem Krahjagern, saßen auf der kleinen Höhe vor dem „Bernhofer-Haus" am schneebedeckten Kirschbaum etwa zehn Krähen. Ich wagte einen Versuch, fuhr vorbei und hielt direkt vor der Haustüre – hier gibt es immer Aktivitäten von Menschen, an welche die Krähen gewöhnt sind. Ich nahm die schon verstauten Utensilien aus dem Kofferraum und versuchte es übers Autodach, eine strich ab, die anderen hielten aus. Die oberste stand im Fadenkreuz und fiel köpfelnd vom Wipfel. Der Knall war durch die dicke Schneedecke deutlich gedämpft. Freudig holte ich sie ein – es war eine „Schwarze", eine Rabenkrähe, was ich gegen den blassen Winterhimmel nicht gesehen hatte. Nach dem Fotografieren, um die Stimmung dieser kahldüsteren Winterlandschaft einzufangen – zu der auch die nebelig-dunklen Krähen unbedingt gehören –, hing ich sie als Gruß an die Haustüre, da offensichtlich niemand zu Hause war.

An einem kalten, stürmischen Wintertag mit leichtem Schneefall ging ich Anfang Jänner zu Mittag auf Krähen. Beim vulgo „Steinklauber" saß eine einzige auf der Hauslinde und strich, als ich auf der Landesstraße anhielt, sofort auf das dahinterliegende

Kögerl ab. Ich fuhr einfach nach und entdeckte sie eher zufällig, geschickt versteckt im Gewirr mehrerer Fichtenwipfel. Nur das Köpferl war im Zielfadenkreuz zu sehen, doch diesen Schuss wagte ich doch nicht. Da kam eine Zweite nach und hakte neben der ersten auf – ohne mich zu registrieren, mit voller breiter Brust zu mir. Ich war ja bereits gut gerichtet, und im Schuss umkreiste eine der Krähen den Wipfelknäul wild schreiend und flatternd. Gefehlt? – Nein, die beschossene Krähe lag mit bestem Schuss auf hundertfünfzig Meter unter der Randfichte – die Versteckte war es, die schimpfte.

Um Maria Lichtmess lag noch ein halber Meter Schnee, und es schneite wieder. So bot sich nur der „offene" Misthaufen des „Klein Geschnaidtwirt" an. An diesem Tag stürzte nach meinem Schuss eine der am nahen Kirschbaum wartenden und sichernden Krähen im Schuss dumpf in den Schnee, und zwei weitere folgten. Wieder eine schöne Strecke an diesem Tag in dörflicher Umgebung mit Kirchturmhintergrund.

An einem warmen, wolkenlosen Sonntagnachmittag kam ich wieder zum „Leuzbauer“, einem der bewährtesten Krah-Plätze. Vom Presshäuschen auf die große Esche am Zaun unten musste ich durch dichtes Zwetschkenbaumgeäst schießen, und gegen die früh untergehende Sonne am roten Abendhimmel sah ich sie fallen. Ein wildes Auffahren des vorher nicht gesehenen, nicht unbeträchtlichen Rest des Volkes in immer weiteren Kreisen, mit einem kreischenden, zornigen, bösartigen, nicht verstummen wollenden Krah-Krah-Krah war die Antwort. Ich hatte eine sehr alte, wahrscheinlich eine Leit- oder Wächterkrähe erlegt – an den Ständern kann man es erkennen.

An einem Samstagnachmittag ging ich wieder einmal auf Krähen. Am „Schorn-Lindenbaum“ auf der Anhöhe neben dem Haus entdeckte ich eine. Ich befand mich am Hof vom „Leuzbauern“. Hier wurde gerade bei laufendem Traktormotor Vieh verladen – es ging rund: Parkende Personenkraftwagen, Viehhändler, Helfer und Verkäufer tummelten sich, viel Geschrei, Gezerre und Geprügle – ich blieb daneben unauffällig. Die einsame Krähe oben auf der Linde war auf dieses Geschehen konzentriert, mir schenkte sie keine Aufmerksamkeit. Den Wetterfleck über die heruntergekurbelte Scheibe gelegt, Ellenbogen am Lenkrad abgestützt, und schon stand der Zielfaden unverrückbar auf der schwarzen Silhouette. Mit dem Schussknall stürzte sie von ihrem Auslug herab, gerade vor die Haustüre des Bauern, sodass ich sie nicht mehr „liefern“ musste. Eine Aktion coram publico. Ein erfreulicher Schuss auf 250 Meter, gemessen erst aus Anlass dieser Niederschrift – und Anlass zur weiteren Verbreitung der schon erwähnten Mähr über mich als guten Schützen.

So konnte ich zu meiner eigenen Freude wie zum Nutzen der Landwirte jährlich ein Dutzend Krähen erlegen und gleichzeitig die Präsenz des Jägers zeigen. Es kommt für das Jagderlebnis nicht auf die Größe, Seltenheit oder Trophäenträchtigkeit des Wildes an, sondern auch auf die Schwierigkeit, die Stimmung und das Umfeld des jagdlichen Tuns.

Die Achtzigerjahre des vorigen Jahrhunderts waren also für mich ein intensives Krähenjahrzehnt, später erlegte ich, wie vorher auch, nur mehr hin und wieder einen dieser klugen Gesellen. Heute zählen Krähen durch den bekannten „Beamtenschlaf“ in Österreich zu den geschützten Arten und sind nur nach umständlichen Verordnungen bejagbar.

Mein Haselhahn

In der jagdlichen Literatur kommt der Haselhahn ebenso selten vor wie im Revier. Vorbei sind wohl die Zeiten, in denen Freiherr Friedrich von Gagern noch drei „Schwarzkehlchen", wie er den Haselhahn auch bezeichnete, neben Hase und Fuchs am Niederwildgalgen heimtrug. Allein deshalb schon möchte ich meinen Beitrag zu diesem seltenen Thema einbringen und meine Erlebnisse mit dieser Wildart beschreiben. Unzählige meiner immer wieder neuen Versuche mit der Lockjagd auf den ganz kleinen Hahn über all die Jahre hinweg blieben erfolglos. Wobei ich nicht einmal die Ursachen dieser Misserfolge ergründen konnte – lag es am Spissen selbst, an der Wahl der Tages- oder Jahreszeit oder des Platzes? Im näheren jagdlichen Umfeld fand ich keinen Ansprechpartner zu diesem Thema, niemand interessierte sich dafür.

Die Lockjagd auf den Haselhahn – und eine andere kann ich mir nicht vorstellen – zählt wohl zu den Spitzen des Jägerhandwerkes, sie ist überhaupt nicht vergleichbar mit dem Anspringen eines großen Hahnes oder dem Erlegen eines Birkhahnes aus dem Schirm. Von den drei Raufußhahnen ist der Haselhahn am schwierigsten zu erbeuten, weil er viel gewitzter und quirliger ist als die beiden anderen. Wenn auch selten, so stieß ich doch bei den Pirschgängen, besonders in strauch- und unterholzreichen ungepflegten Gebieten, immer wieder auf Haselwild – meist nur abstreichend mit seinem burrenden Fluggeräusch. In Ruhestellung bekam ich Haselwild eigentlich nie in Anblick, wohl ob seiner unübertrefflichen Zeichnung und seines Tarnkleides, die es nahezu unsichtbar machen. Die Bewegungen dieses Wildes – wie ich einmal bei der Beobachtung eines in Ruhe pickenden Gesperres sehen konnte – sind zeitlupenartig und für das menschliche Wahrnehmungsvermögen kaum erfassbar. Jede Begegnung mit dieser versteckten, seltenen und geheimnisvollen Wildart, die aber doch Bestandteil unserer Wildbahn ist, stachelte meinen Wunsch von neuem an, im heimatlichen Revier auch einen Haselhahn erlegen zu dürfen.

Ausgehend von dem Wissen um seine Revier- und Standorttreue machte ich immer wieder Versuche – leider erfolglos – und suchte daher einen Pirschführer, der dieses jagdliche Spezialhandwerk beherrschte. Vor Jahren war es dann fast so weit. Anlässlich einer Treibjagd in einem Nachbarrevier ergab sich das Gespräch, und über Vermittlung eines Dritten wurde mit einem „Spezialisten“ aus der Weststeiermark für das nächste Wochenende eine Pirschführung für mich vereinbart, doch unter der Woche verstarb dieser alte Jäger. Leider kennen und können diese allerfeinste Jagdart heute nur ganz wenige.

Wieder vergingen Jahre, bis Edi, ein guter und geschätzter jüngerer Jagdfreund, der eine lose Beziehung zu unserem Revier hatte, einen Hahn in einem obersteirischen Revier erlegen konnte. Geführt wurde er von einem Kollegen, der sich mit dieser Jagdart beschäftigt und es damit zu Erfolg gebracht hatte. Edi hatte auch Gelegenheit, diesen „Spezialisten“ öfter zu begleiten und hatte so diese Kunst von ihm gelernt, sodass ich zu ihm sagen konnte: „Jetzt kannst du mich auf meinen Hahn anführen.“ Am Allerheiligentag im Dorfwirtshaus hatten wir es vereinbart, er meldete sich dann im November, als das Federkleid nach der Mauser besonders schön war.

An einem schönen, milden Novembertag holte mich Freund Edi für die Haselhahnpirsch ab. Wir fuhren auf die Höhe hinauf, um von dort zum hubenartigen Anwesen „Pleschpeter“ zu pirschen, wo ich im August beim Blatteln einen Hahn bestätigt hatte, der auf einer Straße gerade Magenkiesel klaubte. Der erste Platz auf der Straße in der Nähe der Sichtung vom Sommer brachte nichts. Edi spisste ganz anders als ich bisher – viel lauter und schärfer – ein klingender, kristallklarer, scharfer Ton lag in seinem „Tsieh-tsie-tsiteritsi-tsuitsitsi“. Die nächste Stelle, wo wir es versuchten, lag an der Abzweigung eines Stichweges, wo sich ein größeres Gesichtsfeld ergab. Wir saßen erhöht auf der oberen Straßenböschung mit gutem Ausblick hinunter. Edi spisste wieder mehrmals, ich nahm die herbstliche Umgebung in mich auf. Wohl einer der letzten strahlenden Herbsttage, der Morgen war frisch, die Erde gefroren und reifüberzogen. Die Farbenpracht hatte ihren Höhepunkt erreicht: Die Lärchen flammten rötlich, der Ahorn stand im satten Gelb, die Esche noch graugrün vor den grünen Fichten, alles schattenreich hinterleuchtet von der zart hereinschrägenden Morgensonne im Rücken. Der Laubfall begann zögernd und wurde hörbar durch das leise Fallen der Blätter.

Da bedeutete mir Edi, dass er etwas gehört hätte, unten in der verwilderten Kultur. Ich zog meine Fäustlinge aus, richtete mich mit der Büchsflinte und sah, wie etwas aufbaumte vor uns – doch es war nur ein Tannenhäher. Doch dann sah ich hinter Fichtenästen auf einer Lärche eine Bewegung, im Zielfernrohr jedoch wieder nichts. Da überstellte sich ein Haselhahn auf einen kahlen Ahorn und ich erkannte genau die typischen Konturen dieses kleinsten Hahns. Ich konnte es kaum glauben nach so vielen Jahren erfolglosen Versuchens. Doch wieder war der Hahn verdeckt im dichten Geäst, bis er auf einen freien Ast herübersprang, mit seinem charakteristischen und starken dreizehigen Fuß den Ast umgreifend, gut zu sehen seine gesprenkelte Brust, die gesträubte Holle, der schwarze Kehlfleck und die Stoßbinde. Ohne auf meinen Pirschführer zu schauen, um jede Bewegung zu vermeiden, schoss ich und sah den Hahn im Zielglas fallen. Beide brauchten wir einige Zeit, um das Geschehene zu realisieren, indem wir uns lange anschauten und schließlich wortlos umarmten. Dann suchten wir in der Kultur unter dem Weg, denn obwohl ich zuvor unter dem Ahorn schon nahe vor ihm gestanden war, hatte ich ihn auf der alten Fratte ob seiner Tarnfarbe nicht gleich gesehen.

So hielt ich also in meinem achtunddreißigsten Jagdjahr meinen ersten – und wohl auch den letzten – Haselhahn in der Hand. Wieder ein Geschenk der Jagd an mich, das ich tief bewegt mit großer Freude und Dankbarkeit annehmen durfte. Der Haselhahn bekam – als meiner Meinung nach selbstverständlich zur hohen Jagd gehörendes Wild – den letzten Bissen, und mein Pirschführer überreichte mir den Bruch, den ich dankbaren Herzens für die ausgezeichnete Führung entgegennahm. Schon wieder ein Bruch auf meinem neuen Hut – er zog diese damals förmlich an. Der weite Heimweg an diesem prachtvollen Herbsttage, der

allein schon ein Geschenk gewesen wäre, konnte gar nicht lange genug sein. Ich trug den kleinsten Hahn in Händen, um ihn immerfort neu zu betrachten, und hängte ihn nicht an einen Niederwildgalgen. Bevor ich auf der nächsten Höhe den Blick auf das „Pleschpeter“ Gebiet verlor, drehte ich mich nochmals um, um dieser Landschaft, den Bäumen, Tieren und Pflanzen für ihr Sein zu danken. Zu Mittag ließen wir in der Hütte, am Gangl sitzend, das Erlebte genussvoll nach- und ausklingen. Große Freude und tiefes Glück, aber eine Hoffnung weniger – der ewige Zwiespalt in des Jägers Seele.

Abschließend möchte ich es an dieser Stelle nicht verabsäumen – insbesondere den Hahnenreferenten der Jägerschaft – meine Meinung mitzuteilen: Der Haselhahn ist in der „Niederwild- und Raubzeugmeldung", welche zumindest in der Steiermark jährlich abzugeben ist, fehl am Platz und kann nicht mit Fasan, Rebhuhn, Krähe oder dergleichen in einem Atemzug genannt werden. Er gehört biologisch zu den Raufußhühnern wie der Auer- und Birkhahn. Diese beiden zählt man zur hohen Jagd, den Haselhahn jedoch zur Niederwildjagd. Abgesehen von der heute sowieso fragwürdigen Unterscheidung zwischen hoher Jagd und Niederwildjagd wäre der Haselhahn zu Recht der hohen Jagd zuzurechnen, denn worin steht der Haselhahn dem Auer- und Birkhahn nach? Die Jagd auf ihn ist wohl die höchste Jagdkunst überhaupt.

Eine bunte Herbststrecke

Sonntagmorgen, der Tag beginnt mit einer Entdeckung. Wie durch eine Vorahnung bleibe ich im Vorbeifahren in der Frühdämmerung stehen, um kurz auf den Almacker hinauszuschauen. Vor dem Hochsitz trete ich gleich ein Stück Rehwild ab – eigenartig abgesprungen. Am Ackerdamm unten, als es ein Haberl macht, sehe ich, dass es ein trophäenmäßig überdurchschnittlicher, im Wildbret schwacher Bock ist.

Gleich geht es weiter zum „Herold", dem eigentlichen Ziel meiner Früh- und Vormittagspirsch. Vom „Krienz-Graben" führt der schön angelegte, neue Weg zunächst zum kleinen Anwesen mit der muldigen Hausbrache dahinter, das in einer großen Kehre liegt. Dann führt der Weg weiter hinauf zu einer Gabelung, von der es geradeaus in den Wald geht und links auf eine hier nicht zu erwartende große, ebene Fläche, ein jochgroßes Plateau, damals noch eine Weide, die später aufgeforstet wurde. Am oberen Rand dieser Ebene steht ein Bodensitzerl, am unteren befindet sich ein alter Wurzelstock, der mir auch oft als Ansitz dient.

Es ist frisch, und die aufsteigende Sonne bringt den dicken Rauhreif auf Gras und Halm, Stock und Stein, Blatt und Busch zum Glänzen und Glitzern. Die Sonnenstrahlen brechen sich auf jeder Kristallfläche hundertfach und verwandeln die Landschaft in eine märchenhafte Kulisse. Nach den ersten Schritten, ich bin noch ganz unten im düsteren Graben, schrecken auf der Höhe mehrere Rehe in gegenseitiger Abstimmung. Kein guter Anfang – oder doch? Nach Erreichen der halben Höhe sehe ich auf der Böschungskante an der Gabelung oben einen starken, brennroten Fuchs im Sonnenlicht sitzen – die Ursache für die Aufgebrachtheit der Rehe. Rasch pirsche ich gedeckt weiter bis ober das Keuscherl, von wo ich ihn besser sehen kann, er ist bereits mausend auf der ebenen Halt oben. Ein Schuss ist wegen des hohen Altgrases nicht möglich. Dann zieht er links zum Fichtenschopf hinüber, und ich muss zurück hinunter, um vom Kagh hinüber zum Ansitzstrunk zu gelangen. Dabei trete ich ein weiteres Reh im Wald unterhalb ab, welches auch noch zu schrecken beginnt – ein vielstimmiges, weitangelegtes Schreckkonzert folgt. Der Fuchs jedenfalls dürfte sich selbst nicht als Ursache dafür halten, denn er lässt sich nicht irritieren und von seinem Mausbeutezug abbringen. Vom Strunk aus sehe ich dann den Fuchs ganz links oben auf einem liegenden Totholzstamm erhöht sitzen. Alles um mich glitzert und gleißt im Rauhreif, den die aufgehende Sonne bescheint. Das Dürrgras und der Braunfarn, Gesträuch und Genadel sind weiß überzogen. Millionenfach brechen die Eiskristalle das morgenfrühe Schräglicht und werden zu blinkenden Reflektoren. Und mittendrin in der Eiskristallwelt der leuchtend rote Fuchs, wie brennendes Feuer als Kontrapunkt – voller Jagdlust und Listigkeit. Mit hohem Luftsprung stürzt er sich auf eine Maus, die auch die wärmende Sonne herausgelockt haben mag, um gleich im Schlucken weiterzusuchen und zu jagen. Er kommt am freien Rand herunter, kehrt dann aber doch um und verschwindet im kniehoch stehenden Farnkraut, nur hie und da wackelt es irgendwo, zu sehen ist er nicht mehr. Als sich die Wackelspur wieder von mir wegbewegt, mäusle ich laut – und schon kommt er am unteren Viehsteigerl mir entgegen und läuft mir direkt in die Schrotgarbe. Ein Prachtfuchs hier in der sonnendurchfluteten Reifkristallwelt, – ein Bild für Götter – ein Glück für den jagenden Menschen. Seit ich den Fuchs von unten zum ersten Mal gesehen habe, ist eine gute Stunde vergangen. Eine Zeit höchster Anspannung und Konzentration, die sich nun in beglückende Freude auflöst. Im Aufgehen in der Jagd verliert sich der Zeitbegriff, man ist außer sich und der Zeit. Himmelhoch jauchzend kann ich heimkehren zur Hütte.

Am Nachmittag – das Prachtwetter ist einem grauen, bedeckten Himmel gewichen – will ich nochmals der morgendlichen Wahrnehmung nachgehen und mir Gewissheit verschaffen nach dem kurzen Blick in der Früh. Der Almacker, ein sehr langer, schmaler, in sich welliger, zur Alm hin offener Grünlandhang, ist ein beliebter Pirschplatz. Sowohl oben als auch unten wird er von einem Weg mit dahinterliegendem Wald begleitet, beide Wege erlauben je nach Wind ein gedecktes Angehen. Ich habe nach der Rehbrunft einen älteren bäuerlichen Jagdgast auf einen Rehbock angeführt. Nach der dritten erfolglosen Pirsch hat dieser aufgegeben und mir den Abschuss überlassen. Die Schusszeit geht inzwischen schon dem Ende entgegen, und bisher haben auch meine Pirschgänge keinen Erfolg gebracht.

Als ich oben zum Hochsitz komme, nehme ich eine ganz draußen austretende Rehgeiß wahr. Ich stehe ruhig abwartend, als es ganz nahe unterm Hochsitz immer stärker knistert, trappelt und zupft. Wegen des begleitenden Staudenbewuchses kann ich nicht dorthin sehen. Ich muss auf den Hochsitz steigen, auf halber Leiterhöhe stehend sehe ich schon vier Rehe unter mir, auf sechzig Schritt – drei graue und ein fast rotes, ruppiges, dreiläufiges Stück, das sehe ich mit freiem Auge. Der hochgezogene Hinterlauf zuckt nervös mehrfach bei jeder Bewegung. Wiederum sind Äste vor mir, und ich muss weiter hinauf, auch das gelingt, offenbar steht der Wind gut. Schnell lege ich den Mantel über die unterste Stange, und der Erlöste verbleibt im Feuer. Die anderen Rehe bleiben vertraut und äsen etwas nachrückend weiter, aber ich will und mag heute nicht mehr schießen, obwohl wir den Abschuss gebraucht hätten – mir ist‘s, als würde ich damit etwas zerstören von meiner bisherigen Freude. Nach glücklichem Abschnaufen am Hochsitz gehe ich zum erlegten Stück am Ackerdamm hinunter und komme aus dem Staunen nicht mehr heraus. Die Trophäe des wildbretmäßig äußerst schwachen Bocks wird im Näherkommen immer stärker: Er hat für sein Alter fast unglaubliche, überaus stark geperlte und massige Stangen in bester Vereckung. Der Hinterlauf ist unter dem Knie gebrochen, abgeschossen oder aber gar vom Mähbalken schon im Kitzalter erfasst, der Knochen ist nebeneinanderliegend wieder zusammengewachsen und weist eine starke Verdickung auf, die Schalen sind lang ausgewachsen, der Lauf nach außen gedreht und aufgrund der Sehnenverkürzung ganz hochgezogen.

Der Nachmittagshimmel des ausklingenden Herbsttages umflort sich mit leichten Schleierwolken, die Farben verblassen, werden stumpf und grau. Ich hocke noch auf meinem Wetterfleck beim Bock im feuchten Herbstgras – gedankenvoll und dankbar – bis es eindämmert, der untere Waldrand hereinschattet und die Konturen verschwinden.

Die drei anderen Rehe äsen weiterhin vertraut in der Mulde neben mir herunter, an diesem Tag ist alles eigenartig anders – Zauber, übernatürliche Erscheinungen? Oder herrschen paradiesische Zustände? „Der Knabe spielt vor dem Schlupfloch der Natter, der Leu und das Kalb weiden friedlich auf der Weide nebeneinander …“ (AT. Jesaja 11|6–8). Mir scheint fast, als hätten sie nur darauf gewartet, dass ihr geschwächter, leidender, kranker Mitbruder erlöst würde. Doch was weiß, was denkt der Mensch?

Da kommt ein Hase von unten herauf und bald ein zweiter. Ich bin erfüllt von der Freude über den „geschenkten“ Dreiläufigen und den gelungenen Hegeabschuss und denke an sonst gar nichts. Tief versunken in meine Betrachtungen über das unerwartete Geschehene fällt mir plötzlich ein, dass doch für Hasen auch schon Schusszeit ist und ich damit einen ganzen Querschnitt unserer Hauptwildarten auf der Strecke hätte.

So versuche ich, aus der Hocke heraus auf die Knie zu kommen und die Hasen knierutschend mit der Büchsflinte im Halbanschlag anzupirschen.

Sie weichen nur langsam nach und ich folge ihnen – sehen kann ich sie nur hin und wieder schemen- und schattenhaft während einer Bewegung. Einigermaßen auf Schussweite herangekommen – es ist schon finster geworden – kommt von oben sogar ein dritter Hase, den ich, wenn er sich aufbäumt, gegen den dunklen Waldrand sehen kann. Mit ihm war die Herbststrecke komplett: Fuchs, Bock und Hase.

Ein Pärchen

Es war wieder einmal in den Tagen zwischen Weihnachten und Neujahr, ich wollte Gams ausspüren – eine Geiß hatten wir noch offen – und es begab sich wieder einmal ganz anders. Nach Tagen dichten Nebels und arktischer Kälte um Weihnachten kam Neuschnee und die zweite Kältewelle dieses Winters, die tatsächlich tage- und wochenlang mit Temperaturen um fünfzehn Grad unter Null aufwartete. Die doch eher nüchternen und sachlichen Wetterberichte dieser Tage benutzten Attribute wie „frostig", „eisig", „extrem kalt", „eisige Zeiten", „arktische Kälte".

Am Stefanitag klarte es dann mit stürmischem Wind, der die extreme Kälte noch steigerte, auf. Es war jedenfalls auch an diesem Tag ebenso sinnlos, etwas Jagdliches zu unternehmen, wie in den Tagen zuvor. Der Sturm putzte aber gründlich aus, und der Hanstag war dann wolkenlos, sonnig, windstill, aber noch immer eiskalt. Wie sich später zeigen sollte, war es der einzige sonnige Tag dieser Doppeloktav, an dem „Kaiserwetter" herrschte. Die Neuschneestimmung mit herzerfreuendem Sonnenschein erschien mir nach den vorangegangenen depressiven Nebeltagen besonders bezaubernd und erfrischend. Die Landschaft mit dem „Neuen" war märchenhaft verändert und verzaubert in der frischen, zarten weißen Hülle – wie unter jungfräulichem Schleier. Im Wald war jedes Detail, Geäst und Gebüsch, Gras und Kraut, Halm und Nadel gewissermaßen weiß überzeichnet auf dunkler Unterlage. Das nach den Nebeltagen ungewohnte, fast unerträgliche Sonnenlicht verwandelte zudem alles in eine glitzernde und gleißende, funkelnde und flimmernde Zauberwelt, jeder Schneekristall wurde zum strahlenden Brillant.

Der Grabenwarterkogel mit relativ flachen Mulden und Riegeln im sonnseitigen Teil mit dem gleichnamigen, alten Gehöft wurde landwirtschaftlich, der nordostseitige, bewaldete Teil mit steilen, felsig durchsetzten Abstürzen forstwirtschaftlich genutzt.

Er ist Teil unseres „Gamsgebirges" (siehe „Unsere Waldgams", S. 145).

Der Schnee war trotz extremer Kälte leise. Nach ein paar Begrüßungsworten am Hof wollte ich zunächst die Schneid oben hinaus bis zu meinem Bodensitzerl in den Wandeln und hernach unten herum den Weg auf halber Kogelhöhe gehen – so würde ich sehen, ob zur Zeit „etwas da ist".

Der leicht ansteigende Steig, der Schneid folgend, gab immer wieder Blicke in und unter die nördlichen Abstürze in den raumen, sonnendurchstrahlten Altbuchenbestand frei. Die mit Absätzen und Bändern durchzogenen Felswände waren mit Krüppelbuchen und Föhren bestanden. Wenige Zwangswechsel, wie etwa die „Schaflucke" oder der „Durchsteigfelsen", stellten eine Verbindung zwischen oben und unten, zwischen Sonn- und Schattseite dar.

Bald stieß ich auf eine einzelne frische Gamsfährte, welche mit einigen Abweichungen meine Richtung genommen hatte. Immer wieder kreuzte die frische Fährte meinen Weg, und es zeigten sich große aufgeschlagene Flächen, denn unter dem Schnee wuchs der auch im Winter grüne Waldbürstling, eine perfekte Äsung für die Gams. So eine frische, nicht alltäglich im Revier vorkommende Fährte erzeugt Aufregung und Spannung! Einem schmalen Bandl, einem jener uralten Wechsel zwischen Schatt- und Sonnseite folgend stieg ich um das aus dem umgebenden Wald ragende felsige Gipfelfelskögerl herum auf die Steilseite ein und näherte mich dem Felssitz, von dem Einblick unter die Wände auf einen schmalen Saumhieb neben einer Kultur gegeben war. Da sprang polternd schräg hinunter ein Gamsbock ab, der sich auf der mir abgekehrten Seite eines kleinen Felsrückens gesonnt hatte. Nun war das Geheimnis der Fährte gelüftet und die Spannung löste sich.

Diese Steilseite mit dem angeschmiegten Bodensitzerl lag in der wärmenden Vormittagssonne. Ein einladender Platz zum Verweilen – sonst wäre wohl auch der Gamsbock nicht hier unten gestanden. Hier wollte ich nun trotzdem bleiben, völlig absichtslos, hier, wo ich vier Wochen zuvor einen Gamsbock erlegen konnte. Alles erlebte ich gedanklich noch einmal in diesem wunderbaren, warmen Licht. Doch nicht davon will ich erzählen – das ist eine andere Geschichte.

Nach dem völligen Erstarren alles Lebendigem im Nebel und Frost der letzten Tage schien nun plötzlich alles wieder zum Leben erwacht zu sein. Ein warmer Luftstrom strich entlang der Lehnen und Wände herauf – man konnte ihn tatsächlich wohltuend im Gesicht spüren. Auf die gebogene, gezwieselte dürre Lärche vor mir im Gemäuer kamen nacheinander Bunt- und Grünspecht, Baumläufer und Kleiber und revidierten, sich spiralförmig hochschraubend, gründlich die grobe, modrige Borke. Jeder wurde fündig, so als ob jeder für eine andere Art von Made, Larve oder Käfer zuständig wäre. Im Dürrkraut des Saumschlages unter mir turnten Schopf-, Schwanz-, Hauben- und Blaumeise, und alle fanden ihre Trockensamen. Und gleich darauf sollte noch das Kolkrabenpaar mit schneidendem Schwingenschlag hereinpfeilen. Auf der gegenüberliegenden Lehne raunzte verträumt ein Fuchs, den wohl auch die sonnige Wärme aus dem Bau gelockt hatte. Sein heißeres „Hau–hau–hau" elektrisiert. Alles lebte plötzlich an diesem paradiesischen Tag. Völlig verklärt war alles, diese Stunde, dieser eben nicht alltägliche Tag. Wie kurz dieses Fenster ins Licht mitten im Hochwinter sein sollte, zeigten dann die folgenden Tage, die wieder grau und kalt wurden.

Als ich mich nach dieser zeitlosen, beschaulich-besinnlichen Weile vor dem Aufstehen noch einmal umdrehte und in die Tiefe unter mir schaute, traute ich mir selbst nicht mehr und meinte doch ins Träumen gekommen zu sein: Da unten stieg bedächtig ein eher schwacher Fuchs über Äste, Fratten und gestürztes Altholz, prächtig rot im jungfräulichen Weiß. Ich sage bewusst „stieg", denn diese zähe, zeitlupenartige, absolute Vertrautheit und Ruhe ausstrahlende Bewegung hatte etwas Katzenartiges an sich. Nachdem mir die Echtheit des Geschehens gewahr wurde, griff ich nach dem Blockstutzen mit der kleinen Kugel, und es gelang mir, ihn über die Rückenlehnenstange steil hinunter in Anschlag zu bringen. Der dumpfe Schuss wurde förmlich vom Schnee geschluckt, und ohne Rucker oder Zucker legt sich der rote Fuchs über einen Ast, den er gerade überstiegen hatte, in den Schnee. Der Einschuss musste demnach wie angetragen genau am Rücken, der Ausschuss auf der Unterseite sitzen. So war dem schönen, reimigen Balg beim Kugelschuss nichts geschehen.

Völlig außer mir vor Freude ob dieses unerwarteten, jagdlichen Geschenkes sprang ich hell jauchzend auf, dass es über Berg und Graben hallte, ja, begann lauthals jubelnd mit mir selbst zu reden. Rucksack, Wetterfleck, Sitzpolster, Fäustlinge zusammenpackend, Glas und Gewehr aufnehmend, blickte ich in meinem ungehemmten Freudentaumel zu meiner rot prangenden Beute hinunter und meinte nun vollends durchzudrehen oder von Sinnen zu sein. Stieg da nicht – einige Schritte unter dem gestreckten Fuchs, als wäre es die größte Selbstverständlichkeit der Welt – im gleichen zähen Schritt ein zweiter, weitaus stärkerer Fuchs mehrmals verhoffend bis zum Kulturrand herüber, wo er lange verhielt! Erklärbar – wenn überhaupt – war das nur dadurch, dass er keinen Wind bekam, der so schön aufsteigenden Luft wegen. Natürlich hatte ich nicht mehr nachgeladen, doch inzwischen bestimmte eine gewisse unreflektierte Automatik mein Handeln. Vorsichtigst nachladend, hinter dem Bankerl kniend zielte ich, schon stand das Fadenkreuz am weißen Kehlfleck des unschlüssig verhoffenden starken Prachtfuchses. Doch störendes Buchengeäst war in der Ziellinie, so verharrte ich minutenlang im Anschlag. Mit einem Schritt nach links wäre er frei, mit einem Schritt nach rechts jedoch in der Kultur. Nach diesen atemberaubenden Minuten entschied er sich für rechts und war damit verschwunden. Nun hoffte ich, er würde am oberen Kulturrand unter den Wandeln, wohin ich besseren Ausschuss hatte, wieder auftauchen, und richtete mich auf der seitlichen Querstange. Während dieser ungewissen Wartezeit schüttelte und rüttelte es mich kräftig, vor allem, als nach kurzer Zeit am seitlichen Kulturrand Schnee von den untersten wackelnden Rand-

ästen rieselte und es darunter rot wurde. Wieder versuchte ich den Schuss balgschonend, den weißen Kehlfleck nur streifend, anzutragen, was mir auch gelang, denn schon walgte er unter einen tiefverschneiten Gräßing.

Einfach unfassbar – Jägerherz, was willst du mehr! Wirklich unsagbare Freude und tiefes Glück durchdrangen mich. Eine noch nie dagewesene Facette in meinem doch schon langen Jägerleben, eine, die sonst eher Jungjägern zuteil wird. Aber vielleicht zählt auch ein junggebliebenes Herz. Die Jagd soll ja jung halten – ich glaube jedenfalls daran. Tief beglückt stieg und rutschte ich nun vorsichtig zwischen den Felsrücken hinunter, um die beiden aufzunehmen. Eine Pracht, wie die roten Bälge in der Sonne hingen, vor dem Hintergrund des jungfräulich weißen Schnees. Rüd' und Fäh', ein Paar – sie waren auf Hochzeitsreise –, das vom kaltfrostigen Grabengrund wärmeren Gefilden in der Höhe zustrebte.

Zwei Brüche – ein kleinerer und ein größerer – zierten an diesem erfüllten Tag meinen Hut. Am Tragriemen baumelte einer vorne und einer hinten, so stieg ich weiter ab und umrundete nun den Grabenwarterkogel unten herum dem Hof zu. Erstaunt und freudig wurde ich hier in diesem gastfreundlichen Haus begrüßt und dem Anlass entsprechend mit einigen kräftigen Jagatees bewirtet.

Wesentlich zur Jagdfreude trägt doch die ehrliche, ungetrübte und ungeteilte Mitfreude bei, und diese wurde mir zunächst hier und später im Dorfwirtshaus von den Jagdfreunden reichlich zuteil. Wie anders hätte dieser Tag ausklingen können als mit Freude, Frohsinn und Fröhlichkeit.

Fast vergessene Jagdarten

Es ist heute eine bedauernswerte Verarmung der Jagd, mit Reduzierung auf Rehwild, allgemein gesagt auf Schalenwild, festzustellen. Der Großteil der Jäger weiß gar nicht, was ihm entgeht, wie einseitig und langweilig sein Jagen geworden ist.

Wer jagt bei uns heute noch auf Taube, Krähe, Schnepfe, Fuchs, Dachs, Marder und schließlich auf unseren guten alten Waldhasen? Wer kann noch „Vorpass halten“ oder „passen“? Bedeutet doch gerade diese „kleine Jagd“ – ohne Abschussplan, Klasseneinteilung und Sanktionen – unbeschwertes, freies, lockeres, spannendes, lust- und freudvolles Jagen. Sie wurde bei uns bis vor zwei Generationen durchaus traditionell im Herbst und Winter ausgeübt. Ich habe das noch in seiner Ursprünglichkeit miterlebt und möchte es gerne wieder heben und weitergeben. Es kommt wirklich nicht auf die Größe des Wildes oder die Trophäen an, sondern auf das jagdliche Erlebnis.

Wer kennt noch die kleinen Riegler mit ihrer Geselligkeit an Sonn- und Feiertagen im Herbst und Winter, bei denen der gesamte weibliche Rehabschuss erfüllt wurde? Es nahmen vor allem die revierlosen Jäger, die sonst keine Jagdgelegenheit hatten, daran teil. Die Schützen, Treiber und Hunde kamen aus den umliegenden Höfen, Keuschen und Dörfern. Sie kannten die jeweiligen Triebe, Stände und Zugänge und hatten bei diesen Gelegenheiten die einzige Möglichkeit, auf die Jagd zu gehen.

Diese „kleine Jagd“ bringt Abwechslung in den jagdlichen Alltag, macht das Jagen vielseitiger, reicher und bunter, als immer nur auf Rehe zu gehen – einmal in Rot und einmal in Grau!

Hasenjagern

Auch das Hasenjagern zählt zu den fast vergessenen Jagdarten, obwohl der Bestand an Waldhasen in unserem Bergrevier konstant ist und nicht vergleichbar mit jenem der ausgeräumten und vergifteten „Kultursteppen" der Feldreviere. Wir haben sie noch und könnten bedenkenlos mehr als nur das Weihnachtshaserl heimtragen.

Hasenpassen – die Anfänge

Vor mehr als einem halben Jahrhundert, noch lange vor dem Besitz einer Jagdkarte, durfte ich einen Herbst lang mit einer geborgten Flinte und bei erhobenem Zeigefinger des Onkels in seinem Revier Hasenpassen gehen. Der „Wolfbauer" war das Ziel, eine Hube im steilen, sonnenseitigen Graben unter dem Pleschkogel, heute nur noch als Weide genutzt. Im schönen, altartig gezimmerten Haus lebte ein nach dem Krieg untergetauchter Jäger, der tagsüber oben in der Gemeindestube arbeitete und den ich auf seinem Heimweg abends hinunter begleitete, wenn ich Hasenpassen ging. Während des Abstiegs erhielt ich gute Ratschläge wie: „Der Has kommt immer mit dem Mond, die Häsin kommt zuerst, er bevorzugt sonnenseitige Muldenlagen und ist sehr standorttreu."

Auf der Halt hinter dem Stadl war ein Hochsitz auf einem Mostbirnbaum, der auf einem Feldsteinhaufen stand. Dort saß ich einen Herbst lang auf meinen Hasen an, trat den einstündigen steilen Rückweg an, kam bei nächster Gelegenheit hoffnungsvoll wieder, bis sich endlich einmal ein Hase vom Waldrand löste, blitzschnell schnurgerade mir zu flitzte und sich unter dem Hochsitz – für mich unerreichbar –mit stolzem Manderl absicherte. Das war es auch schon. Meinen ersten Hasen sollte ich erst viel später auf einer Treibjagd erlegen.

Bei Neuschnee und Mond

Die schönste und reizvollste Jagd auf Hasen, egal ob Ansitz oder Pirsch, ist sicher jene bei Neuschnee und Vollmond. Eine Situation, die in unseren Breiten leider selten vorkommt. In exakt so einer Nacht verließ ich um halb elf die warme Hütte, innerlich und äußerlich gut ausgestattet, um in die tiefverschneite und monddurchleuchtete Landschaft einzutauchen: Nach den ersten Schritten schon umfing mich der Hauch der frischen Ursprünglichkeit und ich war mitten drin in der Welt der Hasen mit ihren allgegenwärtigen Spuren entlang der Gemeindestraße. Von dicht verschneiten Obstbäumen umstandene bäuerliche Anwesen wechselten sich mit weißbedeckten Acker- und Wiesenbreiten sowie Stauden und Bachgehölzen ab.

Leise ging es im weichen, jeden Laut verschluckenden Schnee dahin, und schon in der „Steindlbauer-Mulde" hoppelte ein Hase unterm Weg von Baum zu Baum, um in Stammnähe einige herausstehende Halme zu finden. Beim obersten Birnbaum dann nahm ich ihn mit der kleinen Kugel – das alles in den ersten fünfzehn Minuten und kaum erst warm geworden. Zwei Rehe äugten vom Graben herauf und ließen sich von dem schneegedämpften Schuss nicht stören. Ruhe und Zufriedenheit lag über allem, die Welt gehörte nur mir und den Hasen. Weiterstapfend war die „Stürzer-Fichte" am Wegrand, unter deren schirmigen Ästen ich mich auf einem schneefreien Fleck niederlassen wollte, mein nächster Anlaufpunkt. Zunächst schien nichts da zu sein. Später erst sah ich im struppigen Sumpfgras kurz unterhalb zwei Hasen sitzen. Den ersten konnte ich mit einem bequemen Schrotschuss nehmen, der zweite ging schneestiebend schräg hinunter flüchtig ab, drehte aber unten zurück herein, um am Damm ein Erkundungshaberl zu machen – ihn erreichte die Kugel. Grundsätzlich gilt für den Kugelhasen „mittendrauf halten", dann passiert am Wildbret am wenigsten, mitunter ist er sogar schon aufgebrochen. Nun musste ich einsammeln gehen – drei Hasen hatte ich nun schon im Rucksack.

Zufrieden pirschte ich weiter, aber schon in der Mulde ober dem „Stürzer-Haus“ saß schon wieder ein Hase am Straßenrand und ließ mich auf unglaubliche fünf Schritt heran. Als er, die Gefahr erkennend, die Böschung herunterflitzte, löste sich auch ein zuvor nicht bemerkter zweiter Hase mit. Er blieb im Mondschatten und aperen Kranz eines Apfelbaumes unschlüssig sitzen, trotzdem erreichten ihn die Schrote. Der andere Hase zeigte sich dann noch in der nächsten Kurve, ihn belästigte ich nicht mehr, hatte ich doch schon beim dritten aufhören wollen, was mir im Zuge des sich überstürzenden Geschehens wohl unbewusst nicht gelungen war. Alles wie im Traum, wie das „wilde Gjoja“, in den anderthalb Stunden war ich eher auf Pirsch als auf Vorpass. Erfahrungsgemäß sind die Hasen bis etwa Mitternacht mit Nahrungssuche und -aufnahme beschäftigt, nach Mitternacht laufen sie dann – aus menschlicher Sicht – wahl- und ziellos herum und können dann jederzeit und überall überraschend auftauchen. Ich nehme an, dieses Verhalten hat sicher auch mit innerartlicher Kommunikation zu tun.

Beim „Plinegger-Brunnen“, der Reviergrenze angekommen, war es schon halb drei Uhr früh und höchste Zeit, heimzugehen. Zurückgekommen, hing ich meine vier Hasen im Hüttenkeller sauber auf die Stange. Damals wurden die Hasen nur ausgedrückt, bevor sie an den Wildbrethändler geliefert wurden. Eine stolze Beute für eine Nacht, doch nicht immer läuft es so, eher selten.

Es war einige Tage vor Weihnachten in den Sechzigerjahren, der Mond rundete sich, und es lag schon seit einigen Tagen Schnee. Die Landschaft war verändert und verzaubert: einmal durch den Schnee und nochmal durch das Mondlicht. In einer mondbeschienenen Winterlandschaft verschwinden Einzelheiten und Details. Paradiesische Ruhe und Gelassenheit, Selbstverständlichkeit und Großzügigkeit werden spürbar und geheimnisvolle Abgeklärtheit kehrt ein. Der Schnee war nicht mehr ganz frisch, das kahle Geäst der Obstbäume starrte schwarz gegen den

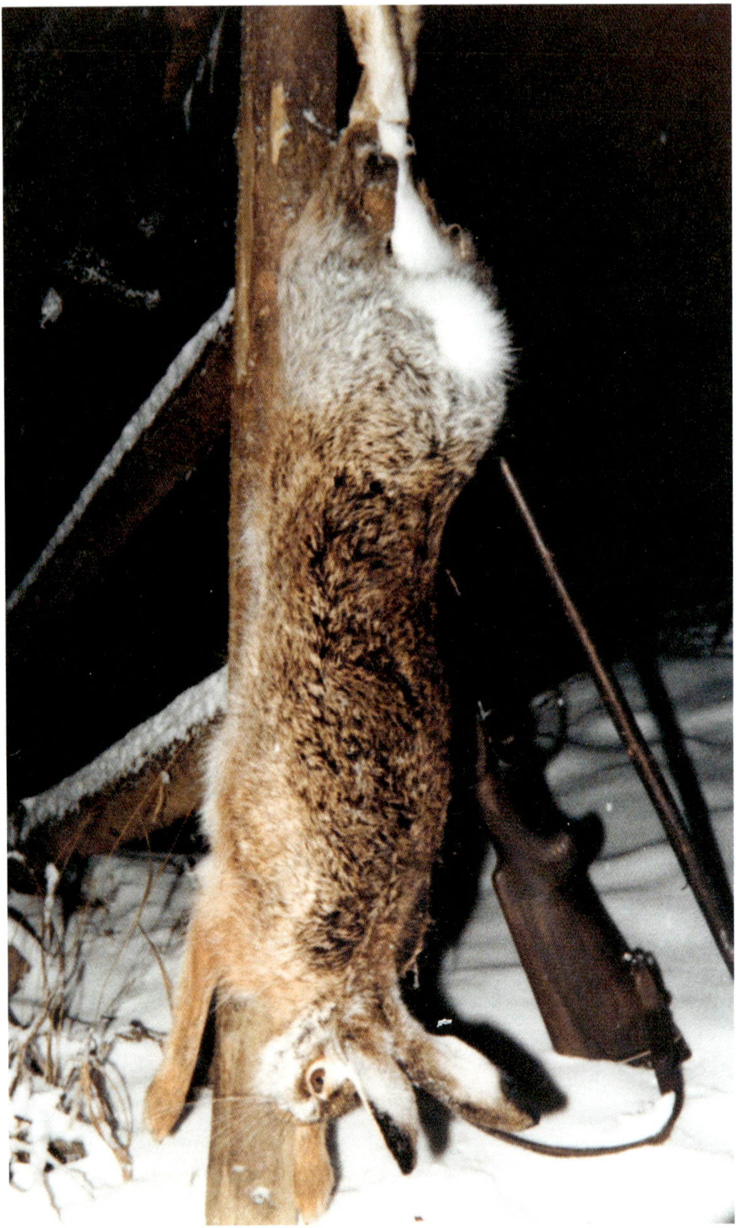

Himmel, geheimnisvolle graublaue Schatten auf die Schneeflächen zeichnend.

Meine Tour in Schneehemd und Filzstiefeln begann beim Besitznachbarn zwischen Überstiegl und Krautackerl. Es war ein eigenartiges Gefühl, im Kapuzenleinenhemd, die schweren Filzstiefelschritte gedämpft durch den Schnee, für das Wild im Pulverschnee unsichtbar und unhörbar, pirschend zu jagen. Schattseitig war der Schnee noch tiefer und flaumiger, und tatsächlich kam ich an einen Hasen völlig freistehend heran, als er plötzlich aus einer kleinen Schneewächte auftauchte. Der hingeworfene Schuss saß eher hinten, und der Hase fuhr strampelnd hangabwärts. Erst ein Fangschuss unten im Wald mithilfe der Taschenlampe beendete seine Fahrt.

Danach ging ich die viel versprechenden „Pfarrer-Acker" an, ein stark strukturiertes Gelände von steillagig bis flach. Es handelt sich dabei um eine offene, intensiv genutzte Landschaft gegenüber dem Dorf mit kleinen Pachtparzellen für Häusler, mit Wegen, Rainen und Zäunen, Obstbäumen und staudenbewachsenen Steingröbeln – Zeugen des jahrhundertelangen Fleißes der Menschen. Über den Hopfgraben, der diesen Hang vom Dorfberg trennt, pirschte ich mich in meinem Schneehemd an. Fünf Hasen konnte ich gleich am Gegenhang wie in einem Rudel zusammen ausmachen und einen davon anpirschend erlegen, einen anderen fehlte ich mit der Kugel glatt, ein weiterer bekam etwas ab, sodass sein Klagen die Mondnacht durchschauerte. Eine natürliche Hasenklage – sofort erschien am Rücken oben laut keckernd ein Fuchs, der mich aber gleich wahrnahm, weil ich mit der Taschenlampe nachsuchte. Es ist der sechste in diesem Jahr, nun aber nach diesem Zeichen Zeit aufzuhören.

Vorpass – in der Abenddämmerung

Weniger spektakulär, aber dafür immer – auch ohne Mond und Schnee – ausführbar, ist der einfache Ansitz, der Vorpass in der Abenddämmerung. Dabei erlebt man die unterschiedlichsten

Stimmungsbilder – von frühherbstlich grau bis winterlich rau, von adventlich bis weihnachtlich. Dafür hatte ich in allen Revierteilen, immer an sonnenseitig gelegenen Mulden, einfachste Sitzerl gerichtet, und sei es nur ein Sitzbrettl auf einem Wurzelanlauf oder einem Stein neben einem Baumstamm, von denen aus ich viele Jahre hindurch meine Hasen erlegen konnte. Die Situationen sind immer wieder anders: Sie kommen oft zu zweit, zu nahe, ganz plötzlich, zu spät oder auch gar nicht. Viel Geduld ist dabei gefragt. Mein Vater und auch ältere Mitpächter haben mich dazu inspiriert.

Unerschöpflich wäre es, vom Hasenpassen am „Ambrosbauer-Leitenackerl", im „Saubarth-Winkel", am kleinen „Hiedner-Schlüatl", im „Brettenthaler-Kreuzgraben" oder in der „Schorn-Halt" zu berichten, hier einige meiner Vorpass-Erlebnisse:

Es war Anfang Dezember und extrem kalt bei grau verhangenem Himmel, als ich wieder einmal in der „Schorn Halt" ansaß. Diese sonnseitig gelegene Weidefläche ist mit Fichtenkrankeln und Kranawettstauden stark zugewachsen, dreiseitig von Wald umgeben, der an den Hof anschließende Teil ist mit Kirsch- und Birnenbäumen bestanden. Inmitten der Weide stand auf halber Lehnenhöhe eine grobastige vorwüchsige Fichte mit besagter Sitzgelegenheit. Zuerst zog ein Schmalgeißlein vorbei, das ich unbeachtet ließ – es muss ja nicht immer vorrangig Schalenwild sein. Wie zum Lohn dafür kam nach fünf Uhr pfeilschnell ein Hase, um erst weit draußen auf der Halt sein Auslughaberl zu machen. Im selben Moment krachte es schon, und er lag auf gezählte fünfundfünfzig Schritt unter den Schroten der „Zwölfer"-Bockbüchsflinte. Ein guter Hase, den ich auftragsgemäß zur Wildschadensabgeltung zum „Kogelkampl" brachte.

Ein andermal, an einem schneelosen ersten Adventssonntag, im Anschluss an die Nachmittagspirsch saß ich kurz vor fünf Uhr wieder an diesem Platz. Im Finstern kam der Hase von links oben auf knappe dreißig Schritt und blieb ruhig mümmelnd sitzen. Langsam die doppelt gestrickten Fäustlinge ausgezogen, am Stecken langsam aufgefahren, am Baumstamm abgestützt – im Schuss sehe ich schon „weiß". Der fünfte Hase auf der „Schorn-Halt"! Doch wie oft saß ich hier und es kam nichts?

Familien-Fuchsriegler

Eine weitere der „vergessenen Jagdarten“, die nach Wiederentdeckung und Belebung rief, war das Fuchsriegeln. Möglich und durchführbar war das nur mit Hilfe meiner Kinder. Diese Familien-Fuchsriegler machten uns, besonders in der sogenannten „jagdlosen Zeit“, viel gemeinsame Freude.

Die „Krügl-Leiten“

Den Anstoß dazu gab folgende Begebenheit: Der Pleschhöfer, ein älterer Mitpächter und Großbauer, ließ sich bei der jährlichen Silvesterjagd in der „Krügl-Leiten“ an der Brust des langen Triebes vom Jagdleiter selbst anstellen, um dort pünktlich einen kapitalen Fuchs zu erlegen, nach dem letzten Trieb im Wirtshaus gleich zu bezahlen und mit seiner Beute zufrieden heimwärts zu streben, um dort das Haus zu hüten und damit den anderen Familienmitglieder zu ermöglichen, Silvester feiern zu gehen. Er selbst brauchte heute nicht mehr, als er schon hatte.

Das gab mir zu denken, und ich wollte Nachschau halten, was diesem jagdlichen Erfolg zugrunde lag. Die „Krügl-Leiten“ ist ein lang gestreckter, südostseitig gelegener, steiler, felskopf- und schrofendurchsetzter Hang, der von vielen kleinen Rießen und Riegeln durchfurcht ist. Seine Schneid krönt ein Felszackenzug, der nur dreimal durchbrochen ist durch sogenannte „Schlaufen“, die die Verbindung zwischen Sonn- und Schattenseite bilden. Bestockt ist die Leiten mit Buche, Fichte und Kiefer. Mehrere Fuchsbauten befinden sich in diesem Bereich, was ich ohnehin wusste. Der Stand des bei der Silvesterjagd erfolgreichen Pleschhöfer lag knapp hinterm Waldrand auf einer leichten felsigen Erhöhung, mit schönem Einblick in den schütter bestandenen Buchenwaldhang, oberhalb Felsen – unterhalb Felsen, dazwischen der Zwangswechsel.

Diese jagdliche Supersituation ließ in mir den Entschluss reifen, das könnten wir doch allein auch probieren – wir – die Kinder als Treiber und ich als Schütze. So wurde nach gemeinsamer Begehung und Besichtigung des Triebes beschlossen: Antrieb an der dritten Schlaufe, Zugang dorthin im großen Bogen über Freiland, um nicht vorher etwas zu beunruhigen. Die Kinder waren begeistert, der Funke hatte gezündet, und keines wollte zurückbleiben. Der Zugang zu meinem Stand auf einer kleinen Auslugkuppe in einer ringförmigen Gruppe von Buchenstockausschlägen wurde von Laub, störenden Ästen und Totholzstangen befreit und gekehrt.

Schon der erste Riegler gelang, was natürlich zur Motivation der Treiber enorm beitrug: Es war ein herrlicher, frühlingshaft warmer, trockener Sonnentag in einem schneelosen Winter zwischen Weihnachten und Neujahr. Wir fuhren hinauf auf die Höh, die Kinder kannten den Zugang zum Trieb und gingen auf ihre Plätze und ich zu meinem Stand. Vor mir zwischen Gefels und Stangenholz lag schuhtiefes krachdürres Buchenlaub, die Sonne strahlte an diesem fast sommerlichen Wintertag schräg herein. Erstes lautes Rascheln im Laub ordnete ich Rehen zu, doch zwischen den blaugrauen Buchenstämmen auf dem kastanienbraunen Dürrlaub sah ich durchs Zielfernrohr einen Fuchs verhalten, der nach den bereits hörbaren unteren Treibern lauschte, sie wahrnahm und sich wieder in Bewegung setzte. So verlief auch der im Laub deutlich erkennbare Pass. Dann konnte ich ihn nur mehr hören, nicht mehr sehen, die Spannung stieg. Fünfzehn Schritte unter mir lag ein grober Steinbrocken zwischen zwei Stämmen, hinter dem er wieder anhielt. Ich war inzwischen in der Hocke und im Anschlag. Da trappelte er hervor, verhoffte nochmals unschlüssig zwischen Stein und Stamm – ganz hell schien sein Vorschlag zu mir herauf. Im Schuss laut aufklagend kugelte er Steine mitnehmend und schlägelnd im Buchenlaub hinunter.

Fassungslos ob des nicht erwarteten sofortigen Einschlagens der angestellten Überlegungen stand ich jetzt da und wartete auf meine Treiber, die langsam und müde, aber mit erwartungsvollen Augen heraufkletterten im rutschigem Laub, womit man erahnen konnte, wie es ihnen unterwegs ergangen war: „Was haben wir? Es krachte gerade, als wir rasteten." Doch die Beute mussten wir suchen gehen, auch nicht einfach auf dem glatten, steinigen Hang. Aufgeteilt in mehrere Zonen suchten wir den Hang hinunter und fanden den Fuchs nicht: Am alten Weg nicht, auf der neuen Straße nicht, schon etwas mutlos suchten wir weiter bis zum Bachbett im Graben. Eine konkrete Spur im hohen Laub war auch nicht zu finden. Enttäuscht, aber in Hinblick auf das Schusszeichen doch zuversichtlich, gingen wir den Hang in schlanken Serpentinen wieder hinauf. Da lag der Fuchs plötzlich vor mir, neben einer Fichte, zugedeckt vom nachrutschenden Laub. Beim Hinuntergehen hatte man ihn nicht sehen können.

Obwohl immer involviert, waren die Kinder doch nie zuvor so hautnah am jagdlichen Geschehen beteiligt gewesen. Dann saßen wir glücklich jausnend in der Mittagswintersonne, oben im „Krügl-Loch" und genossen im Spiel der Fragen und Gegenfragen die Stunde und die starke, kräftegebende Landluft. Unvergesslich das strahlende Leuchten der Kinderaugen, es zeigte ihre Freude, aber auch den Stolz über ihre Leistung, die zum gemeinsamen Erfolg geführt hatte. Sie standen da in ihren alten Klamotten, dem „Hüttengewand", je mit einem Haselstecken bewehrt. Danach wanderten wir, den geschränkten Fuchs am Stecken tragend, zurück zum Auto.

Das späte Mittagessen am Hüttengangl war um diese Jahreszeit eher selten, mundete nach dieser Anstrengung aber besonders. Was uns kredenzt wurde an jenem Werktag, weiß ich nicht mehr, eines aber weiß ich sicher, es war ein Festmahl für uns. Und das war nur der Anfang von vielen Rieglern an schönen Wintertagen, auch an anderen geeigneten Stellen.

Strahlende Kinderaugen: meine kleinen „Treiber“ mit ihren Haselstecken und der Beute

Am „Zuri-Kogel"

Der „Zuri-Kogel" ist ein zuckerhutartiger, kegelförmiger Kogel, bewaldet bis auf das am ostseitigen Fuß liegende gleichnamige Bauerngehöft mit weit hinaufreichenden Grünflächen. An der westseitigen Flanke des Kogels befindet sich der etwas höher liegende Sattelwirt, eine kleine Jausenstation am Weg auf die Kleinalpe. Die günstige Situation für das Erlegen eines Fuchses war mir schon von den hier früher durchgeführten Treibjagden bekannt. Vorne an der Brust befanden sich die bekanntermaßen guten und begehrten „Fuchsstände".

Nun heruntergebrochen auf unseren jagdlichen Familienbetrieb: Getrieben wurde nur das oberste Drittel dieses Kogels, dessen Spitze bzw. Schneid die Reviergrenze bildete. Ich führte meine kleinen Treiber auf der dem Revier abgewandten Seite bis zum Sattelwirt, von wo sie ihre Ausgangspunkte erreichen konnten und zur vereinbarten Antriebszeit lautlos, ohne Geklapper und Geschrei, durchgehen mussten. Währenddessen konnte ich zurückfahren und bequem zu meinem Stand aufsteigen. Eine kleine Windbruchstelle bot sich als günstiger Platz an, allerdings mit keinem allzu guten Ausschuss.

Der Jüngste, der als Oberster auf der Schneid ging und dadurch den kürzesten Weg hatte, kam als erster und natürlich viel zu früh an. Ich deutete ihm, sich niederzulassen und ruhig zu verhalten. Vielleicht war es gar nicht schlecht, dass er oben vorgegangen war, so war sichergestellt, dass nach oben nichts ausgewichen war.

Gleich darauf kam – als ob es so sein musste – am passartigen Steigerl ein Fuchs im gemütlichen Troll, obwohl die Treiber sicher noch weit hinten waren, denn ein Fuchs geht immer sehr früh, bei den Treibjagden oft schon beim Anstellen. Reineke ließ sich weder durch Mäuseln noch durch leises Pfeifen aufhalten. Störende Windwürfe und tief hängende Äste verhinderten ein Zusammenkommen an einigen Stellen. Am nächsten Schneefleck musste der Schuss hinaus, bevor es zu spät war, wenn auch mehr als wackelig, denn der linke Arm war durch das lange gespannte Stehen im Anschlag nahezu erlahmt. Er zeichnete „hinten“ und flüchtete über die Grenzriese in den anschließenden Wald, noch merkwürdig „über Eck“ laufend und Lunten schlagend.

Die weiteren Treiber kamen einige Zeit später durch den Schuss beflügelt und erwartungsvoll um den Kogel herum. Zunächst hieß es jetzt warten, den Fuchs „krank werden lassen“ vor der Nachsuche. Die knappe Stunde wurde lang, und die Kinder waren kaum zu halten, bis wir begannen, etwas aufgeteilt frei hinüber zu suchen. Eine Treiberin fand Schweiß auf einem Schneefleck, und ich fasste wieder Hoffnung, denn eine solche Nachsuche muss nicht immer erfolgreich sein. Als wir vor einer dichten Kultur standen, die wir durchsuchen mussten, wurde es den Kindern dann doch zu viel, und ich suchte allein weiter. Es war inzwischen schon gegen Mittag geworden, die Strömung der Luft zog deutlich herauf, und ich versuchte, eher oberhalb der vermeintlichen Fluchtspur zu gehen. Tatsächlich bekam ich bald „Wind“ vom Fuchs – denn ein Fuchs ist auch für Menschen „un-

Mein fünfzigster Fuchs war räudig.

überriechbar". In dieser undurchsichtigen und nahezu undurchdringlichen Kultur folgte ich der Nase und fand den Fuchs in einer Frattengasse, lang hingestreckt mit erhobenem Köpfl. Ich kroch auf acht Schritte heran, um den Fangschuss anzubringen.

Daraufhin kamen die Kinder nach, ich konnte den Fuchs aber nur mit Nylonhandschuhen herausziehen, denn er war leider räudig, musste am Gemeindeamt abgeliefert werden und verschwand im Transportgefäß. Eine Jagergeschichte kann also auch einmal so enden, auch wenn es mein fünfzigster Fuchs war.

Der Dachs, das unbekannte Wesen

Zur den wohl am wenigsten bejagten Wildarten zählt wahrscheinlich der Dachs, was sicher an seiner absolut nachtaktiven und daher weitgehend unbekannten Lebensweise liegt. In jener Zeit, als auch der Dachs in den Bannkreis meiner jagdlichen Aufmerksamkeit geriet, suchte ich vergeblich nach Literatur – es gab damals keine. Nicht einmal an einen diesbezüglichen Erlebnisbericht in einer Jagdzeitschrift erinnere ich mich. Mit viel Mühe und Zeit konnte ich etwas Einblick in seine Lebensweise gewinnen, die kurz gesagt so aussieht: Es gibt keinerlei wie auch immer gearteten Gewohnheiten, Verhaltensweisen, Regelmäßigkeiten oder Rhythmen, aus denen irgendetwas Vorteilhaftes für die Bejagung abgeleitet werden könnte – alles Zufall.

Mein Ansatz war die Bejagung am Bau und die Errichtung von einfachen Bodensitzerln, in Hanganlagen jeweils seitlich von den Dachsbauten (wegen des abends abwärts ziehenden Windes). Das Ansitzen allerdings erfordert unendliche Geduld: Einmal bin ich auf einen Dachs bis zu seiner Erlegung neunundzwanzigmal angesessen – das sagt wohl schon alles. Die Anlagen der Dachsbauten werden häufig aus Gründen der Dauerhaftigkeit und der Erhaltung unter Felsvorsprüngen, Felsverklüftungen oder auch dem Wurzelgestühl großer alter Bäume errichtet. Oft werden sie ausgebaut zu riesigen, verzweigten Anlagen, zu sogenannten Dachsburgen mit mehreren Pforten, Notröhren und Abortplätzen. Diese Burgen werden wahrscheinlich über Jahrhunderte von mehreren Generationen bewohnt und genutzt. Durch den fortwährenden Aushub und das dadurch anfallende Material entstehen an den Ein- und Ausgängen der Höhlen oft mächtige Trichter, wodurch die eigentlichen Röhren gegen Einsicht gesichert sind.

Von den wirklich unzähligen, mehr oder weniger ähnlich ablaufenden Ansitzen und den gelegentlichen Erlegungen möchte ich nur eine herausgreifen und erzählen:

Am Birkleitenbau

Wieder einmal Ansitz beim Birkleitenbau an einem schneelosen grauen Freitagabend im Winter. Gedanken über einen schwerwiegenden Jahrestag gehen mir durch den Kopf, als ich – wie immer in der allerletzten Dämmerung – mit freiem Auge am Baurand den berühmten hellen Schatten oder Schimmer wahrnehme. Langsam kommt ein Dachs den Trichter herauf, bis knapp an den Rand. Es ist nach den unzähligen erfolglosen Ansitzen schwer zu realisieren, ist es Traum oder Wirklichkeit? Doch dann muss alles schnell gehen, ist er doch sonst mit einem Schwups über den Trichterrand sofort weg. Das Gewehr habe ich wie immer bereits entsichert im Halbanschlag, im Zusammenfahren kommt mir kurz der Gedanke, nicht voll drauf zu richten, sondern mehr am Trägeransatz, damit weniger zerschossen wird – und schon ist halb unbewusst der Schuss draußen. Der Dachs fährt lautlos, wie er gekommen war, in die Röhre zurück ein. Er wird wohl – wie ich es öfter schon erlebt habe – in der Röhre stecken, denn es gibt nur zwei Möglichkeiten: Entweder er kippt nach dem Schuss über den Rand hinaus oder er fällt in die Röhre zurück. Doch zu meiner Enttäuschung steckt er nicht im Röhreneingang, im Lampenschein finde ich ein Schrotkorn und reichlich weißes Haar.

Bedrückt gehe ich ins nächstgelegene Gasthaus, um mit einem Bau-Experten zu telefonieren. Ich erreiche Johann, einen guten Jäger vor dem Herrn, und er erteilt mir den Rat, ich solle morgen früh zum Bau schauen gehen, ob der Beschossene heraußen liege. Denn ein Dachs verende nie im Bau, um zu vermeiden, diesen zu veraasen, und verlasse ihn vor dem Verenden – da hatte ich wieder etwas gelernt. Leider finde ich auch am nächsten Morgen nichts. Ich bin sogar mit einem langen Stück steifen Drahtes, vorne hakenförmig umgebogen, ausgerüstet und versuchte, diesen in die Röhre einzuführen – ich hoffe, auf etwas Weiches zu stoßen, um dann den Haken drehend im Haar anzuhaken und den Dachs herauszuziehen. Die Ungewissheit macht mir nun schon den dritten Tag zu schaffen, richtig unwohl ist mir.

So kommen am nächsten Tag – ein strahlend schöner, warmer Sonntag ist's – Freund Johann aus der Jasen und sein Kollege mit seinem kleinen Terrier, dem „Ratz". Er nimmt ihm am Bau sogleich die Halsung ab, setzt ihn an und der Hund schlieft sofort unaufgefordert in den Bau, er weiß, was er zu tun hat. „Er hat ihn schon", ruft der Hundeführer gleich danach zu uns herüber, die

wir seitlich mit gutem Einblick standen. Und schon kommt der kleine Ratz „arschlings" im Retourgang heraus, den achteinhalb Kilogramm schweren Dachsrüden, der doppelt so groß war wie er selbst, nachziehend.

Um auf die obige Regel zurückzukommen: Dem Dachs war es eben nach dem Schuss nicht mehr möglich, den Bau vor dem Verenden zu verlassen, und so konnte diese Burg durch unser Zutun für den Clan rein bleiben. So wurde jener Sonntag in dieser illustren Gesellschaft zum Feiertag, in dessen Verlauf die Schauplätze vom Gasthaus zum Gehöft des Jagdleiters und schließlich zur eigenen Hütte wechselten und viel Wissenswertes, Interessantes und sonst Geheimgehaltenes über die Baujagd preisgegeben wurde und zu Tage kam.

Neben solchen mehr oder weniger fast identen Erlegungen gab es zwei markante Ausreißer von denen ich berichten kann, und die zeigen wie uneinschätzbar, unvorhersehbar, unberechenbar das Verhalten des Dachses ist.

Weitere Erlebnisse mit Meister Grimmbart

Anlässlich eines Abendansitzes an einem anderen Bau kam frühzeitig, noch bei bestem Licht, ein Dachs ruckartig, wie man es beim Murmeltier beobachten kann, aus dem Loch – ein seltener, für mich einmaliger Anblick: Zuerst ist nur das Köpfl, dann der halbe und schließlich der ganze Dachs zu sehen, der sich auf die Keulen setzt, um sich rundum durchzukratzen, also gründlicher Schwartenpflege hinzugeben. Er legt sich schließlich wieder hin, um über den Trichterrand zur schreckenden Rehgeiß zu spähen. Es dauert einige schöne Minuten, bis er mich, aufgrund der kurzen Entfernung, doch in den Wind bekommt und blitzartig einfährt. Dieser Anblick war mir mehr wert als jeder Schuss.

Auf einer Abendpirsch auf den Rehbock Ende Juli sitze ich am frühen Abend am Haltsitz, dessen Lage und Umgebung in der Erzählung „Zwischen Jakobi und Laurenti“ auf S. 119 beschrieben wird. Nach einer Viertelstunde kommt unter den Apfelbäumen auf vierzig Schritt ein knackiger Knöpfler – da gibt es kein Zögern, und er liegt auf Sichtweite im Feuer. Ich lese weiter in meiner kurz unterbrochenen Lektüre. Nach einer weiteren Viertelstunde wurlt plötzlich ein Dachs im „Schweinsgalopp“ das Wiesenschluchtl vor dem Waldrand von oben bis zum Bach hinunter, schlägt einen Haken links hinüber, bis knapp vor eine Kante, nach der er dann verdeckt wäre und wo er leicht zu mir herauf gerichtet zu suchen scheint. Ein besseres Abkommen als auf den weißen Streifen zwischen den beiden schwarzen am Köpfl gibt es wohl kaum, und der Schuss bannt ihn an die Stelle. Was ihn aber zu diesem spektakulären Auftritt am helllichten Tag bewogen hat, wird wohl immer unergründbar bleiben. Nur so viel ist sicher, es muss etwas Außergewöhnliches, Dramatisches in seinem Leben passiert sein. Der blöde Werbeslogan „Alles ist möglich – nichts ist fix“ – für den Dachs gilt er sicher.

Aus dem „kapitalen“ Haar gehen sich laut Bartbinder mehrere Dachsbärte aus. Tatsächlich werden es ein großer „mehrstöckiger“ Bart, zwei kleine für Damenhüte sowie einige fein gebunde-

ne Haarbüschel für das Hutband. Übrigens: Den schönsten und besten Bart hat der Dachs zur Zeit der Kirschblüte!

Einige besonders schöne Dachse habe ich gerupft, andere abgeschwartet, beides ist viel schwieriger und mühsamer als vergleichsweise das Rupfen eines Gamsbartes oder das Abbalgen/Streifen eines Fuchses.

Fuchspassen

Bis zum Ende eines Jahres laufen Hasen- und Fuchspassen quasi in einem, wenngleich auch vor Weihnachten der Fuchsbalg nicht immer ganz rein und reif ist. Danach aber, in der Schonzeit für Meister Lampe, wird das Fuchspassen zur Königsdisziplin. Es ändern sich auch die jeweils Erfolg versprechenden Plätze – die sanften, sonnenseitigen Mulden des Hasen decken sich nicht unbedingt mit den Fuchspässen und Örtlichkeiten, wo der Fuchs zu erwarten ist: Wiesenflächen, auf denen frischer Mist gestreut wurde, die letzte Furche eines gepflügten Ackers, Bachläufe oder sogar Bauernhöfe (nach einem Schlachttag oder nach dem Abkalben einer Kuh). Wenn man sich nicht nur mit der Abenddämmerung begnügen will, muss natürlich der Mond passen. Im zweiten Viertel des aufgehenden Mondes, wenn dann auch noch Schnee liegt, sind die Voraussetzungen ideal.

Eines späten Nachmittags …

… saß ich am unteren Waldeck in der großen „Saubarth-Mulde“ mehr schlecht als recht auf einem Wurzelanlauf einer großen, alles überschirmenden Randfichte. An den Waldschattenrändern lag noch eine Kruste Schnee. Bei eintretender Dunkelheit, als ich schon aufbrechen wollte, hörte ich – wie einen Hauch – ein trippelndes Geräusch hinter mir auf dem harten Altschnee. Zurückgewendet sah ich durch die Randbäume nur schemenhaft einen Schatten, wie ein stehengebliebenes Grasbüschel auf der Halt. Das könnte ein Fuchs sein. Fertig gemacht, das Gewehr im Halbanschlag, mäuselte ich leicht auf diese Vermutung hin. Eines der Grasbüschel verschwand in Richtung Wald hinter mir. Jetzt wird er versuchen mich zu umgehen, dachte ich mir, doch der Wind stand gut herunter. Schon knackte es hinter mir im Wald oben, ganz nahe – wenn er so weiterzog, würde er links beim Eck herauskommen und ich müsste ihn am Schnee gegen das Freie hinaus noch sehen können. Während dieser Gedanken raschelte es schon am Waldrand, und ein immer länger und länger werdender Schatten löste sich von den Randfichten. Seit dem ersten Geräusch gab es kein Atmen, keine Bewegung, ein Überrücken schon gar nicht. Mitfahren mit dem zügig schnürenden Fuchs und möglichst vorne abkommen, dachte ich hochkonzentriert vor dem Schuss, in welchem er auch schon gut getroffen hingestreckt lag. In tiefster Freude über ein so großartiges Weidmannsheil saß ich fassungslos und überglücklich da, bis langsam, Herzschlag um Herzschlag, die Spannung abklang. Ich ging zu meiner Beute und begutachtete im Lampenstrahl den kapitalen Rüden: schneeweiß vorne runter, rot mit weißen Grannen oben hinaus, breit und lang. Achteinhalb Kilogramm zeigte tags darauf vor dem Abbalgen die Waage an.

Zeichnung vom „Jagason"

Der Winterfuchs hing am späten Abend am schmiedeeisernen Gittertor zum Kirchhof, gleich neben dem Eingang zum Dorfwirt. Jägerherz, was willst Du mehr? Manchmal meinen es die Geister wirklich gut mit uns, es gibt aber dann wieder oft sehr, sehr lange Durststrecken.

Ansitzplatz am Bauernhof

Semesterferien, eher schon Winterausklang. Nach dem letzten Zuschlagen des Winters vorige Woche mit fünfzehn Zentimetern Schnee und großer Kälte war es schnell wieder wärmer und milder und die Schneedecke schon sehr lückig geworden. Die vorhandenen Wolkenfelder waren in Auflösung begriffen, und der Mond war nahezu voll. Sicher die letzte Nacht in diesem Winter zum Fuchspassen, denn für den nächsten Tag waren wieder Wärme und Sonne angesagt. Zu Mittag beim Vorbeifahren schaute ich beim Großbauern „Bernhofer" hinein, der Knecht hatte schon fragen lassen, warum ich nicht käme, es sei alles „gerichtet" nach dem Sauabstechen und die nicht verwendbaren Schlachtabfälle lägen draußen am Zauneck. Heute schlachten Bauern kaum noch selbst, es werden Schweinehälften vom Schlachthof gekauft – eine weitere Verarmung der einstigen bäuerlichen Vielseitigkeit.

Um acht Uhr war ich wieder am Hof, mit der Hausörtlichkeit vertraut, ging ich über die Tennbrücke und das schmale Stallgangl hinaus zu meiner Ansitzecke, wo der schön im Mondschatten liegende bequeme Sessel bereitstand. Die Katzen jaulten im Hof, die Rinder rüttelten an ihren Ketten – ein guter Ansitzplatz, da ist der Fuchs nicht so empfindlich. Im Haus war schon alles finster, der Hund vereinbarungsgemäß eingesperrt. Und schon sah ich draußen zwischen den kahlen Obstbäumen auf den noch vorhandenen Schneeflecken einen Schatten ziehen – ein Fuchs. Er schnürte suchend ziemlich schnell hin und her, ich fuhr mit der alten, vierfachglasbestückten „Bock" mit, wollte aber den unsichereren Kugelschuss nicht riskieren und schließlich verschwand er unter dem Stall. Immer wieder verdunkelten Wolken den Himmel – da, ein dunkler Fleck beim Zauneck, ich fuhr vorsichtig zusammen, doch im Zielglas sah ich eine Katze, die sich am Luder gütlich tat. Ich saß bequem, mantelgepolstert, das Gewehr lag auf der Brüstung, nicht einmal Handschuhe brauchte ich bis jetzt, so warm war es in den letzten Tagen geworden.

An der Hauswand führte das schmale Stallgangl hinaus zu meiner Ansitzecke

Es dauerte keine halbe Stunde, und der Fuchs kam unterm Stall wieder zurück, schnürte aber wieder hinaus, wo ich ihn unter den Obstbäumen verlor. Im Anschlag suchte ich die Schneeflecken unter den Bäumen ab, da fing am Luder ein wildes Fauchen, Zischen und Fetzen an. Der Fuchs war am aperen Streifen entlang des Weidezauns hereingekommen, hatte die Katze überrascht, und so entstand ein wilder Kampf, bis sich die Katze endlich lösen und flüchten konnte. An einen Schuss in dieser Situation, ohne auch die Katze mit zu vereinnahmen, war nicht zu denken. Dann zog der Fuchs mit dem halben Aufbruch im Fang zurück hinaus, und dabei erreichte ihn mein Schrotschuss. Den Brocken fallen lassend zog er wie ein Strich weg, um nach etwa siebzig Schritten stehen zu bleiben und umzufallen. Auf einem Schneeflecken konnte ich ihn im Mondlicht schön sehen. Erleichtert und glücklich holte ich ihn herein und fuhr ins Dorfwirtshaus.

Noch ein Winterfuchs

Anfang Jänner hatte ich beim Salzaustragen am Waldrand, unter den weiten Wiesenflächen des „Lück-Anderl“, auffallend stark „Fuchs gespürt“ und auch gleich den Grund hierfür bemerkt – die Wiese oberhalb war frisch gemistet. Unter dem Ackerdamm standen noch Teile eines alten Stagettenzaunes, mit solchen Zäunen wurden seinerzeit kleine, intensiv gartenartig genutzte Flächen, sogenannte Kraut- oder Hausackerl, vor Wild geschützt. Zwischenzeitig war auch schon entlang des Zaunes Waldgehölz aufgekommen. Am späten Nachmittag des folgenden Tages saß ich nicht gerade bequem auf meinem Dreibein an, gedeckt durch einen Gräßing, eingeklemmt zwischen Ackerdamm und Zaun, mit Blickrichtung zum Waldwinkel hinunter, der, vom Waldrand beschattet, noch weiß war. Nur selten, weil in meiner verspannten Lage schwierig, schaute ich zurück zum Zauneck, welches zum Wald hinunterführte. Dieser kurze Wintertag neigte sich langsam seinem Ende zu, es dunkelte der Abend der Dreikönigsnacht herein.

Nach Eintritt der Dunkelheit schien mir, als bewege sich hinter dem Stagettenzaun ein heller Schatten im Schneelicht. Ein typisches leises Knisteln und Trippeln von unten meinte ich zu vernehmen. Der Schatten kam beim Zauneck herobe wieder heraus – es war der Fuchs, im Zielfernrohr gegen den Schnee jetzt deutlich zu sehen, doch vor dem Abziehen merkte ich, dass ich am Kugelzüngel war. So kam ich vom Ziel ab, und der Fuchs verließ den Schneeflecken, war aber dann gegen den Himmel wieder zu sehen oder zu erahnen. Noch einmal schön mitgefahren, und er streckte sich unter der groben Schrotgarbe.

Mit einem Freudenjauchzer als Entladung der extremen Anspannung sprang ich auf. Es war Nacht, als ich den prächtigen Winterfuchs glücklich aufnehmen und mit ihm heimwärts wandern konnte. Voller Freude – ja, Freude ist der Zweck und das Ziel allen Jagens.

Der Fuchs lag beim alten Stagettenzaun.

Schnepfenzauber

Diese schöne und interessante alte Jagdform ist leider auch in Vergessenheit geraten. Mir machte es große Freude, die Schnepfenjagd zu entdecken und zu erleben. Wohl hatte ich von den Altvorderen davon gehört, konnte aber nichts Näheres, Genaueres in Erfahrung bringen. Die Schnepfen kommen im Herbst auf ihrem Zug nach Süden für etwa drei Wochen auf einen Zwischenstopp zu uns, so um Allerheiligen herum (eine Woche davor oder eine Woche danach, je nach Witterung, der Boden darf nicht gefroren sein). Dann fallen sie zum „Stechen" auf weichen moosigen Stellen von Wiesen- oder Weideflächen ein. Für die Bejagung eignen sich möglichst zum Abendhimmel offene Stellen gut, um etwas länger Schusslicht zu haben, denn alles spielt sich im allerletzten Licht ab. Der um diese Jahreszeit häufig vorhandene Nebel spielt meist keine Rolle, da man ohnehin auf die kürzestmögliche Entfernung schießen muss.

Mit dem Wissen um die geeigneten „guten" Plätze steht und fällt diese Jagdart. Es dauerte Jahre und Jahrzehnte, in denen ich es mit der mühsamen Methode von „Versuch und Irrtum" da und dort probiert hatte, bis ich schließlich fündig wurde. Nachdem mir diesbezüglich keine Erfahrungsberichte von anderen Jägern überliefert worden waren und ich selbst danach suchen musste, kam mir der Zufall zur Hilfe. Oft macht man um diese Jahreszeit beim Heimgehen von einem Abendansitz zufällig eine Schnepfe hoch, die dann mit quorrendem Laut wegschaukelt. Wenn die Örtlichkeit auch zum Ansitzen passt, probiert man es.

Mein erster Schnepf

An einem nebligen Allerseelentag nach dem Abendansitz auf der „Hollerer-Höh" trat ich beim Heimgehen im Finsteren eine Schnepfe ab. „Die Schnepfen sind da", hätte ich beinahe ausgerufen. Aus diesem Anlass fuhr ich unter der Woche ins Revier, um Vorpass zu halten. Mein Platz, wo ich vorgestern die Schnepfe hoch gemacht hatte, war hinter dem mit einzelnen Lärchen verwachsenen Stangenzaun mit freiem Blick auf den Gleinalmzug. Obwohl zwei fremde Leute in der Dämmerung vom Kogel herunterkamen, sah ich gegen das Firmament eine Schnepfe in ihrem typischen Zick-Zack-Flug bei der Lege zur „Hollerer-Wiese“ einfallen.

Es war schon so dunkel, dass ich beim Versuch des Anpirschens entlang des Zauns nichts mehr verhauen konnte, jedoch schon lange vor der Lege wurde auf der Wiese etwas hoch. Trotzdem setzte ich mich dort bei der offenen Lege auf einen bequemen Strunk – denn wäre ich hier gesessen, hätte es genau gepasst. Bald spürte ich die Feuchte vom morschen Stock durch meine Kleidung und legte die Haube unter, alles andere hatte ich am ersten Ansitzplatz zurückgelassen. Die Büchsflinte lag quer über den Knien, der Bergstock dazwischen, und auf der „gschiebernen“ (glatten) Wiese war nichts zu sehen. Einem Wendehals gleich suchte ich angestrengt die Fläche vor mir ab. Als ich mich erneut nach links wandte, war da „etwas“ – ein dunkler Fleck – der vorher nicht da gewesen war – es könnte eine lautlos eingefallene Schnepfe sein. Der dunkle Fleck bewegte sich minutenlang nicht – jetzt sicherte der Schnepf, dabei hielt er den langen Stecher senkrecht in die Höhe, und die beiden Augen, die seitlich am

Köpferl liegen und weit abstehen, überblickten damit 360 Grad – also alles um sich herum. Übrigens ganz ähnlich wie ein Hase, der manderlmachend das ganze Terrain um sich herum überblicken kann. Erst nach diesem minutenlangen Sichern begann die Schnepfe zu stechen und wurmen. Die Distanz war so kurz, dass ich nicht mehr zu schlucken wagte. Es war ein Wunder, dass sie meine Drehung von rechts nach links nicht wahrgenommen hatte. Ich hatte eine Zweieinhalb-Millimeter-Schrotpatrone geladen, die ich schon jahrelang mit mir herumtrug – eine blaue Hirtenberger „Schnepf" – genau für diesen Zweck. Dann lockte weiter hinten beim Zaun etwas – ich hatte diesen Laut noch nie vernommen – aber es klang sehr „schnepfig". Lockt ein Partner?

Bevor es vollkommen dunkel wurde, sank ich zentimeterweise in mich zusammen, sodass die Schulter an den Gewehrschaft kam, hob den Lauf etwas an und hielt ihn mit der linken Hand am Stock, zunächst völlig verkantet, bis ich durchs Zielglas sehen konnte, den dunklen Fleck hineinbekam und abdrückte. Außer

Mündungsfeuer war nichts zu sehen, ich sprang auf, lief hin und hielt im nächsten Moment meine erste Schnepfe in der Hand. Beglückt ging ich zurück herauf zu meinem Sitzplatz und hielt sie immer wieder gegen den aufgehenden Vollmond, um diese charakteristische, aufregende Silhouette des Vogels mit dem „langen Gesicht“ zu genießen. Ein jahrzehntelang gehegter Wunsch war in Erfüllung gegangen. Zurück zum ersten Ansichtsplatz, alle Sachen zusammengepackt – das Glas blieb leider hängen nach diesem aufwühlenden Jagderlebnis, und ich sollte es erst am übernächsten Tag wiederfinden. Glücklich wanderte ich den Weg zurück zum Wagen und fuhr zur Hütte, wo ich einheizte und es mir gemütlich machte, um den mir unbekannten Vogel nun überm Tisch hängend in Ruhe bei vollem Licht betrachten zu können, in seinem braunen Federkleid mit dem langen, vorne löffelförmig endenden Stecher und dem kurzen Stoß.

Ein andermal an derselben Stelle

Als ich nach ausgedehnter Nachmittagspirsch an den oben beschriebenen Platz kam, war schon eine Schnepfe da und strich ab. Trotzdem setzte ich mich auf meinen Stock, schnitt noch ein paar störende Stauden und Dornen ab, da strich eine zweite Schnepfe vor dem Böschenkagh entlang des Zauns ab. Doch gleich danach strich wieder eine an – vielleicht ohnehin dieselbe –, und dann fiel weit unten eine weitere ein, ich sah sie aber nicht. Die Entfernung war in dieser Dämmerung überhaupt nicht abzuschätzen. Die nächste Schnepfe fiel ein – und diese war genau auszunehmen. Im Schuss über die Knie konnte ich nichts mehr sehen, aber etwas später sah ich im Fernglas zwei Schnepfen dicht beieinandersitzen und sich bewegen. Inzwischen war es so dunkel geworden, dass ich gleich hinuntergehen musste, um zu schauen, ob es wirklich zwei Vögel waren oder einer davon nur ein Kuhfladen oder Maulwurfshaufen – das konnte ich nicht mit Sicherheit sagen. Meine zweite Schnepfe an derselben Stelle. Beim Zurückgehen zum Ansitzplatz zählte ich genau fünfzig

Schritte – also doch etwas weit. Diesmal wusste ich schon mehr über diese liebliche Wildart und nahm Bart und Stifteln heraus, das fällt am Präparat nicht auf und ist eine kleine, aber feine Trophäe am Hut.

Möge bitte kein großer Niederwild- und Flugschütze verächtlich die Nase rümpfen und glauben behaupten zu müssen, diese Jagdart sei „unweidmännisch". Sie ist nachweislich altes jagdliches Kulturgut in den Bergen und vielleicht älter als der Ausdruck „Weidgerechtigkeit", der so um 1890 erstmals gebraucht wurde und eine Errungenschaft der „bürgerlichen" Jagd ist.

Der Schnepfenzauber bringt für drei Wochen Abwechslung in den „jagdlichen Alltag" und macht das Jagern bunter, reicher, vielseitiger – wie eben der Herbst ist. Immer nur Rehe zu jagen, einmal in Rot und einmal in Grau, ist doch auf die Dauer eintönig!

Und immer wieder Rehe

Rehe sind die Hauptwildart in unserem Berg- und Hügelrevier im Grazer Bergland. Der Rehbestand hat seit den Fünfzigerjahren enorm zugenommen. Wurden damals achtzehn Rehböcke pro Jahr erlegt, so sind es heute sechsunddreißig. Dasselbe gilt natürlich für die Geißen und Kitze, also hat sich der Bestand verdoppelt. Die Klasse III gab es damals noch nicht, ja, es galt als absolut unweidmännisch, einen Spießer-Jahrling zu erlegen. Knöpfler, von denen es nicht viele gab, weil der Rehbestand so niedrig war, liefen unter der Bezeichnung „Kümmerer".

„Schon Rehe", sage ich immer, „aber nicht nur". Es ist allgemein in unseren Breiten eine Verkürzung bzw. Verarmung der Jagd durch Beschränkung auf Rehwild zu bemerken. Denn viele unserer Jäger kennen heute nichts anderes mehr als die Jagd auf Rehwild.

Natürlich habe auch ich im Laufe meines Jägerlebens viele Rehe erlegt. Es fällt mir schwer, von den unzähligen Rehbockerlebnissen die richtigen zum Erzählen auszuwählen. Nach welchen Gesichtspunkten soll ich vorgehen? Sollen es die spektakulärsten, die schwierigsten, die spannendsten, die mit den besten Trophäen, jene mit Abnormitäten, die freudvollsten oder enttäuschendsten sein? Oder vielleicht je eine aus jedem Dezennium, um den Wandel – und auch die Einstellung dazu – im Laufe der Zeit zu sehen?

Da gäbe es klingende und lockende Überschriften wie: „Die drei Achtundfünfziger", „Der Abnorme vom Kesselmeixner", „Der Stellvertreter und der Wahre", „Der Dissertationsbock", „Der alte Spießer von der Schorn-Halt", „Der Kampelbock",

„Der Kapitale vom Almacker“, „Der Achter vom Pleschpeter“, „Der Zweiläufige“, „Der Urbock vom Kesselmeixner“, „Der Milleniumsbock“, „Der Achter am Nationalfeiertag“ und „Der Bock von der Ehrentafel“. Wo blieben dann die Geschichten der vielen sogenannten „braven“, gerechten, alten, schwer erkämpften, mühsam erjagten Rehböcke? Sollen sie der Vergessenheit anheimfallen?

Ich muss gestehen, bei Rehböcken war und bin ich noch immer ein wenig Trophäenjäger, wenn auch die Einstellung sich grundsätzlich gewandelt hat. Wohl ob der Vielfalt und Variabilität, ihrer interessanten Bildungen und Verbildungen, Abnormitäten und anderen besonderen Qualitäten, welche Rehkrickel eben zeigen. Aber nur beim Reh – nicht so bei Gams und Hirsch – da bin ich ausschließlich Erlebnisjäger. Deshalb trug für mich beim Reh die Trophäe maßgeblich zum Jagderlebnis bei. Gamstrophäen unterscheiden sich nur sehr unwesentlich im Millimeterbereich, und beim Hirsch lautet die Devise ohnehin „Hirsch ist Hirsch“. Bei allem übrigen, nicht trophäentragenden Wild stellt sich diese Frage ohnehin nicht. Heute weiß ich, dass in Wirklichkeit nur das Erlebnis zählt und die Trophäengier beim Rehbock nur zur Qual der Wahl, zu Bedrängnis und oft Selbstvorwürfen führt. So gilt für mich als einziges Kriterium heute nur noch das – schwer bestimmbare – Alter eines Rehbockes, welches zur wahren Freude – und das ist ja der Sinn und Zweck des Jagens – führt.

Andererseits habe ich auch früher, als mir die Trophäen noch wichtig waren, nie irgendeine Trophäe gemessen, gewogen oder ausgepunktet. Solche Punkte, nach rein menschlichem Ermessen und Schönheitsbegriffen, nicht etwa auf Kampfkraft oder Imponierstärke des Wildes bezogen, interessierten mich nie und kommen mir wie eine Entweihung dieses geheimnisvollen, über alles erhabenen „Kopfschmuck“ eines Wildtieres vor.

Meine allerbesten Böcke habe ich immer – auch mit größten Schwierigkeiten – aus „hegerischen“ Gründen erst nach der Brunft erlegt, in der Hoffnung, dass sie sich vor ihrer Erlegung noch vererben können. Selbst Knöpfler glaubte ich, allein wegen einer lieblichen Trophäe, noch verfegen lassen zu müssen, auch wenn ich sie oft nie mehr wiedersah. Ich war anfangs noch geprägt von der damals herrschenden Meinung, einen Rehbestand durch Auslese, Wahlabschuss, „Hege mit der Büchse“ zu verbessern und zu dauernden Höhen führen zu können.

Alle gängigen Regeln der Altersansprache beim Rehbock verspottete ich meinem Vater gegenüber als „Grimm’sche Hausmärchen“. Für alte Böcke galt: „Masse unten, Enden hinten lang und vorne kurz, Stangen und Stirnzapfen weit auseinander, weißes, graues Gesicht, kein Muffelfleck, gelbbraun über den Lichtern, starker Träger, hinten zu“. Für junge Böcke lauteten die Regeln: „weißer Muffelfleck, buntes Gesicht, Masse oben, Enden vorne lang und hinten eher kurz, schwacher Träger, hinten offen“. Doch all das ist Veranlagung und muss mit dem wirklichen Alter nichts zu tun haben. Alle diese Zeichen habe ich bei Böcken auch schon umgekehrt gesehen. Nur eines lasse ich gelten und habe es auch mit Erfolg praktiziert: das Mitzählen der Jahre ab dem zweiten oder dritten Haupt. Aber diese Möglichkeit funktioniert nur, wenn der jeweilige Bock ein besonderes Merkmal zur Wiedererkennung trägt und in einem kleineren, überschaubaren Bereich – etwa einem Revierteil –steht.

Ich wusste damals noch nichts von den Überlegungen und Aussagen Hubert Zeilers: „Wir können das Alter nicht erkennen“, „Wahrscheinlich spielt die Altersstruktur beim Reh ohnehin keine Rolle, deswegen kann man beim Reh auch keinen Fehler machen.“ Und auch nichts von jenen Herzog Albrechts von Bayern: „Von dem bisher auf Geweihmerkmale ausgerichteten Wahlabschuss könnte ruhig abgegangen werden und dafür beim Gesamtabschuss mehr Gewicht auf Auslese nach der Kondition gelegt werden.“ Dieses Rezept ist einfach und wirklich erlösend und erleichternd für mich und meine Rehbockjagd.

Mein erster und sein letzter

Natürlich sind in unserem Revier Rehböcke damit gemeint, und zwar mein erster Rehbock und der letzte Bock meines Vaters. Er war bei der Erlegung meines ersten dabei und ich bei seinem letzten.

Vater hatte mir in meinem ersten „regulären" Jagdjahr und zum Geburtstag, der in die besten Tage der Rehbrunft fällt, einen Rehbock freigegeben, auf den ich, seit Beginn der Sommerferien beim Plesch-Onkel einquartiert, in beschränktem Rahmen allein weidwerken durfte. Für ein Wochenende kam auch Vater, der Vielbeschäftigte, herauf auf einen Blatttag mit unserem unvergesslichen alten Jäger Johann Zettl, eines jener Originale, die es mit zunehmendem Wohlstand im raschen Wandel der Zeit leider nicht mehr gibt. Sein Leben als Holzknecht, Taglöhner und Jäger war geprägt von Kargheit, Entsagung, Härte, Durchhalten und Ausdauer. Er war groß, hager, mit bartlosem Gesicht und Meister der Blattjagd. Es galt als sicher, dass er einen Jagdgast, den er führte, an einem Tag zu Schuss brachte. Kennenlernen durfte ich ihn, als ich mich im fortgeschrittenen Bubenalter am Plesch schon nutzbringenden Tätigkeiten zuwenden durfte. Waldputzen in Form von „Böschenhacken" ist mir damals zur großen Leidenschaft, ja, später sogar zur unentbehrlichen Therapie in schweren Zeiten geworden. Vielleicht entstand hier meine lebenslange Liebe und Hingabe zum Wald. Diese Waldpflege betrieb ich mit und unter Anleitung des alten, weisen und wissenden, lebens- und weiderfahrenen Jägers, Menschen und Originals. Dazu trafen wir uns morgens etwa auf halbem Weg zur Arbeitsstelle, denn er kam aus der Nachbargemeinde, Jause und Getränk sowie Hackl waren im Rucksack. So nebenbei, zwischen Hacken und Fratten, in den Rast- und Jausenpausen oder beim dreimal täglichen Hacklfeilen, gab es viel Gelegenheit zu reden, zu hören und rundum viel Anschauungsunterricht für mich – er wurde zu meinem großen und einzigen Lehrprinzen – einen besseren hätte ich nicht finden können.

So brachen wir nicht allzu früh vom Pleschwirt auf: Jäger Zettl, Vater und ich als blutjunges, kaum achtzehnjähriges Bürscherl, einen ausgedehnten, garantiert erlebnisreichen Blattjagdtag vor uns. Wir kamen zu all seinen „guten Blattlplätzen", an Hauptwechseln und Einständen in felsdurchblockten Mischholzbeständen, über mehrere Kögel und Leiten auf der Höh hinaus. Die

Mein Lehrprinz, Aufsichtsjäger Johann Zettl

Tour wurde, wie in den Hundstagen nicht anders zu erwarten, heiß, trocken und schweißtreibend. Vater erzählte nebenbei an einigen erlebnisträchtigen Stellen von Böcken, die er hier in den ersten Nachkriegsjahren immer an „seinem Tag", dem zehnten August (Laurentius), unter Führung von Jäger Zettl erlegt hatte, und dieser nickte immer nur bestätigend. Begierig sog ich Jüngling alles in mich auf, was die großen Alten so von sich gaben.

Die Tagesmitte war längst überschritten, als wir schon einigermaßen müde am Rückweg über die „Krügl-Schneid", einen felsigen Höhenrücken, hereinkamen. Bei einer dieser „Schlaufen" – das sind Durchgänge in der langen, den Rücken bildenden Felswand, also Zwangswechsel für jedes Wild – meinte er: „Probier ma's no amal"!

Wir richteten uns im Wurzelgestühl einer mächtigen Buche gut gedeckt, mit Sicht auf die Hangschulter unter den Felsen, ein. Zettl flötete seine Fieper in der nun schon bekannten Reihenfolge in den Äther, und bald kam ein Reh in den Buchenstauden auf etwa sechzig Schritte auf uns zu. „Schiaß", flüsterte er und als es geschehen war: „Was hast'n hiaz taun? – A Spießer!" Ich kannte seine Art zu frotzeln noch nicht und war betroffen und verunsichert. Erst später erzählte man mir, dass er es immer so mache, zum Selbstschutz, da er es mit dem Ansprechen mit seinem Operngucker nicht so genau nahm. Der Bock war auch bald gefunden: ein interessanter, als erster Rehbock gut passender Einstangenbock von etwa sechs Jahren. Die fehlende Stange war ihm wohl bei einem Unfall in seinem felsigen Heimatgelände samt Stirnzapfen aus der Hirnschale gebrochen, das Loch in der Schädeldecke war durch eine sekundäre, siebartige, knöcherne „Haut" überdeckt. Die Enden der verbliebenen Sechserstange waren ausgleichend gegen die fehlende Stange hereingedreht. Noch heute freue ich mich über ihn. Den Bock am Stock über dem Rücken des Jägers vor mir, erreichten wir abgekämpft gegen Abend wieder den Pleschwirt.

Mein Vater war ein „begeisterter Jäger auf den roten Bock", wie ein Jagdkamerad es treffend anlässlich seiner Verabschiedung formulierte. Eine Rehgeiß hat er meiner Erinnerung nach nie geschossen, wie es sich für einen „Herrenjäger" in den Dreißigerjahren des 19. Jahrhunderts geziemte. Dazwischen lagen mehr als dreißig Rehbrunften in unserem Gemeindejagdrevier, in denen wir einmal mehr, einmal weniger zusammen weidwerkten. Beteiligt war ich aber fast bei jedem seiner Rehböcke in irgendeiner Form, entweder durch Ausmachen und Bestätigen,

Mein erster Rehbock

Begleiten und Führen oder auch erst beim Nachsuchen, Versorgen und Feiern.

1985, bereits gezeichnet nach einem Schlaganfall, kam Vater öfter zur Hütte, um sich versteckt zu erkundigen, „was die Böcke machen". So auch Mitte September, ich hatte meine Böcke schon erlegt. Es war eine Zeit, in der ich zusammen mit den Kindern große Gebiete flächenmäßig besetzen konnte, daher vieles wusste, u. a. einen guten „Abschussbock" (welch schreckliches Wort): den sogenannten „Stiernackigen", ob seines außergewöhnlich starken Trägers. Sohn Bernhard, der zu dieser Zeit jagdlich interessiert war, hatte ihn einige Tage zuvor unter dem „Klein-Hiedner" bestätigt. Heute aber wollte Vater zunächst gar nicht auf die Pirsch gehen, er fühlte sich sicher nicht wohl. Ich musste ihn durch gutes Zureden förmlich drängen, mitzugehen. Bei der Hauslinde unterm Hauseck dieser Keusche richteten wir uns auf einer alten Kinderrodel einen Sitz zurecht, den Rücken hinunter, gut überschaubar, bis zum Waldrand etwa hundert Gänge. Vom Gangl und aus den Fenstern lugten die Kinder des

Hauses, es war ein milder frühherbstlicher Abend, an dem die Schwalben bereits rüsteten.

Bei noch gutem Licht kam eine Altgeiß links aus dem Graberl, bald darauf war auch der Bock da. Beim ersten und zweiten Haberl kam Vater aufgrund seiner behandschuhten, gelähmten linken Hand nicht zusammen, der Bock zog unter die Apfelbäume – da störten die hängenden Äste, bis sich der Bock dann doch noch ein paar Schritte zurück herauf drehte. Im Schuss zeichnete er stark und sprang zurück hinab, woher er gekommen war, drehte aber noch gut sichtbar in Richtung Riegel, auf dem wir saßen, und verschwand. Vater war zunächst verdattert und meinte, gefehlt zu haben. Ich aber war sicher, lief hinunter zum Anschuss, wo sich Schweiß und Knochensplitter zeigten. Der Bock hatte den Wald nicht mehr erreicht und lag im grünen Brombeergeranke: nach damaliger Klasseneinteilung ein wirklich guter 1b-Bock, überaus stark im Wildbret, mit wuchtigem Vorschlag und mit weit zurückgebogenen Spießen, links vorne und rechts hinten ein Gaberl anblendend. Ich freute mich sehr, und auch der grantlerische alte Herr war zufrieden.

Der Efeubock

Er war in der näheren, aber auch weiteren Umgebung der Jagdhütte daheim und ließ sich über Jahre zurückverfolgen, wovon vielfache Begegnungen und Sichtungen zeugten. Dieser Bock war ein „Heimlicher" und ist deshalb auch wirklich alt geworden.

Es war wieder Anfang August, beste Blattzeit, und ich verbrachte mit der ganzen Familie den Urlaub auf der Jagdhütte. Die heranwachsenden Kinder, die jagdlich intensiv eingebunden waren, durften abwechselnd mitgehen beim Blatteln, diesmal war Elisabeth, die mittlere, damals siebenjährige Tochter, an der Reihe.

Über den Flößersteig, der hinter der Hütte bergwärts vorbeiführt, wollten wir auf den „Hollerer-Kogel" gehen, um blattend eine Rundpirsch auf oder um diesen breit hingelagerten Bergrücken zu machen und den Tag schließlich mit einem Abendsitz enden zu lassen.

Der „Hollerer-Kogel" in seiner trogartigen Form mit zwei kleinen Gipfelerhebungen ist im oberen Bereich bewaldet und am Fuße rundum von kleinen Bauernanwesen besetzt, so auch von der „Hollerer Öhrn", unserer Hube.

Der Flößersteig, ein geschichtsträchtiger, geheimnisvoller Weg, war von den Murflößern benutzt und möglicherweise wohl auch angelegt worden, als kürzeste Verbindung zwischen Graz und Knittelfeld. Er diente ihnen als Rückweg, nachdem sie ihr Stammholz murabwärts in Graz-Lend gelandet hatten, lange vor der Zeit der Straßen und Eisenbahnen. Im Bereich unseres Reviers verläuft der Steig grob gesagt an der Westflanke des „Hollerer-Kogels" von der Abraham-Mühle zunächst zum „Ambrosbauer-Kreuz" und weiter gegen den Pleschkogel. Er ist gesäumt von vielen Wegkreuzen an einladenden Rastplätzen, die von meist tragischen Ereignissen zeugen. Eines davon steht am Rain, ober der Hütte, am Kreuzwieserl, gesäumt von zwei alten Linden – heute als „Landschaftselemente“ bezeichnet. Beim Kauf der Hube bedingte sich der Vorbesitzer den dauernden Erhalt dieses Kreuzes aus. An dieser Stelle sei – so der Vorbesitzer – einer der Flößer „verblieben“. Im schicksalsschweren Jahr 1987 erneuerte ich es sogar vollkommen, und ein Kollege mit kundiger Hand restaurierte den sehr großen Corpus, welcher aus Lärchenholz, deshalb gut erhalten und von unglaublicher, künstlerischer Qualität und Schönheit war, wie sich nach der Abschälung unzähliger Schichten von Ölfarbanstrichen erwies. Diese Tatsache und der Umstand, dass in jener Zeit viele sakrale Kunstwerke überall und auch entlang dieses Weges gestohlen wurden, veranlassten mich, den Corpus nur an hohen Feiertagen wie Ostern oder Pfingsten, und das nur bei Anwesenheit, aufzuhängen. Später aber „verschleppte“ ich ihn in die neuen Jagdgründe, wo er der Größe nach besser in die große Stube passt und den Herrgottswinkel als Erinnerung und Teil der jagdlichen Heimat ziert.

Dieser Flößersteig war Ausgangspunkt und Weg für viele nähere und weitere Pirschen in die oberen Revierteile, so auch an diesem Tag. Gleich am ersten Platz einige hundert Schritt oberhalb der Hütte, wo der Steig mit einer Krümmung der leichten Mulde folgt, neben einer kleinen Dickung am selben Wechsel, an dem ich vor Jahren schon einen braven Bock erlegen durfte, sprang sofort nach der ersten Blattstrophe ein Bock und verschwand wieder, um aber gleich auf acht Schritt zurückzukommen, um mit freiem Auge bequem angesprochen zu werden: Zu unserer Überraschung und Verblüffung war der Bock mit Efeu bekränzt – zwischen den Stangen über dem roten Träger und Vorschlag war der grüne Kranz geschwungen – wohl seit der letzten Fegestelle, was ihn offensichtlich nicht im Geringsten störte. Ein Blick genügte, um ihn als guten Bock anzusprechen: mit tief über die Schädeldecke herunter gewucherten Rosen, nicht hoch, einseitig nur eine Gabel. An einen Schuss war nicht einmal zu denken. Es war aber ein schöner Anfang und jedenfalls ein begehrenswerter, interessanter Bock, der Hoffnung aufkommen ließ.

Noch vor dem Erreichen des übernächsten Blattplatzes am Ebnerl oben, im hohen Bestand, setzte eine Geiß über den Weg, und ein Bock schreckte weiter hinten – die beiden waren also schon beunruhigt. Sofort zur Seite tretend, leicht gedeckt, sagte Elisabeth: „Er ist eh noch da!“ In einer kleinen Mulde war der Bock heraufgeschlichen. Ich bekam ihn nur kurz zwischen Bäumen und Unterwuchs zu sehen. Zweifel, ob es wirklich derselbe war und Aufregung taten ein Übriges, ich konnte die Büchsflinte erst im gleichzeitigen Abspringen des Bockes heben. So weit heraußen war er, der ganze breite Kogel dürfte sein Revier gewesen sein.

Am nächsten Morgen stieß ich an der Ostseite beim „Krügl“ am Fuße des Kogels auf ihn, als er hinter dem dichten Zaun gedeckt herunterzog. Ich konnte ihn klar ansprechen, kam aber wieder nicht zu Schuss. Die anschließende vormittägliche Blatttour in umgekehrter Richtung und Reihenfolge wie am Vortag blieb auch erfolglos. Am Abend traf ich in der allerletzten Dämmerung am „Ambrosbauer-Leitenackerl“ auf ihn, zusammen mit der Geiß, er sprang trotzdem aufs Blatt auf zwanzig Schritt. Ich konnte ins Volle hineinfahren – nur ein Knack – nicht entsichert!

Die Frühpirsch tags darauf an den Schauplätzen des Vortages zeigte die Geiß bereits allein. Ich hatte aber bereits so große Ermüdungserscheinungen, dass ich mich in einen Stadl ins Heu verkriechen musste und bis in den Vormittag hinein verschlief. Und so konnte der Efeubock wieder ein Jahr älter werden.

Erst Ende Juli im Jahr darauf gab es endlich ein Wiedersehen mit dem ob seines charakteristischen Hauptschmuckes leicht wiederzuerkennenden Efeubock – auch ohne Bekränzung –, allerdings zunächst nur auf Spektiventfernung. Vom Hüttengangl aus konnte ich ihn mit einer Geiß am kugelrunden Graskogel des Nachbarn beobachten.

Nach ausgiebiger Frühpirsch an einem Vormittag in den letzten guten Tagen der Rehbrunft dieses Jahres entdeckte ich am

Nachhauseweg auf dem „Hydner-Haltriegel“ eine Geiß gebettet. Während ich mit dem Spektiv schaute, sprang sie, plötzlich von einem bisher unbemerkten Bock getrieben, auf, über die Haltmulde hinauf in den Wald. Ich wollte mich gleich beim nahen Ahorn, von dem ich die Situation gut überblicken konnte, ansetzen, als die beiden zurückkamen und ihren Reigen ganz nahe an mir vorbei fortsetzten. Ja, es war zweifellos der Efeubock, der Flößerwegbock: helle, verpechte Stangerln, starke Rosen, links nur eine Gabel. Sie zogen die Mulde durch, vorbei am „Groß Hydner-Haus“ und wechselten auf den besagten Kogel hinauf. Die Chance wäre da gewesen, aber: unentschlossen – nicht geschossen, weil ich dieses Jahr auf einen anderen gesetzt hatte. So konnte er wieder ein Jahr älter werden.

In den darauffolgenden beiden Jahren war der Efeubock verschollen und ward nie gesehen – wie es ja oft bei älteren Böcken vorkommt. Danach, also vier Jahre nach der allerersten Begegnung, war der Weg frei für die Heimkehr des Efeubockes: In diesem Jahr „musste“ ich schon vor der Brunft einen kapitalen, viel zu jungen Bock auf Eigengrund erlegen, weil schon alle Mitpächter in Ermangelung einer Reviereinteilung auf ihn gingen – der „Sündenbock“ in meiner Jägerlaufbahn. Auf den Tag genau vier Jahre nach der ersten Begegnung mit dem Efeubock blattete ich also wieder allein an derselben Stelle am Flößersteig. Ich wollte eigentlich gar nicht mehr am Ende eines langen Blatttages, doch an dieser Stelle kann man einfach nicht vorbeigehen. Sofort stand ein Bock zwanzig Schritt unter mir, mit weißfahlem Haupt und nässte – ich dürfte ihn erst hochgemacht haben –, drückte die Lichter zu wie ein Kind, das meint, dann nicht gesehen zu werden, äugte dann aber herauf, während ich langsam das Glas hob: geperlt und stark gerost, knapp über die Lauscher hoch, er nahm was wahr und verschwand lautlos – wie damals der Efeubock mit Elisabeth. War er es vielleicht nach so vielen Jahren? Lebte er noch? Wo könnte er morgen früh kommen?

Auf der Frühpirsch rund um den „Groß Hydner“ bekam ich nicht einmal ein Reh in Anblick. Es versprach ein heißer Tag zu werden. Doch als ich zurückkam, stand ein Reh in der arenaartigen Mulde unter der Hütte beim Brennholzstoß, ja, er war's! Der Efeubock war heimgekommen aus dem Exil nach vier Jahren, nachdem der Starke weg war – und schon verschwand er auch wieder.

Der Abendansitz am Hüttengangl bestätigte seine Anwesenheit nochmals: Um halb sieben Uhr stand er beim Kirschbaum unten und zog ein, um eine halbe Stunde später wiederzukommen und dann gleich hinter dem Abheizhaufen über den Sumpfwechsel hinter den „Hydner-Kogel" zu verschwinden. Seine Auftritte waren so kurz, dass kein Schuss möglich war. Ähnlich verlief der nächste Tag. Er tauchte beim „Groß Hydner" auf, sprang flott herüber gegen das Grenzkagh, stand zwischen Kirschbaum und Wald, verhoffte kurz und war wieder weg.

Es musste wieder Laurentiustag – in diesem Jahr ein Regentag – werden. Noch einmal ging ich an die Stelle am Flößerweg blatteln und setzte mich etwa dreißig Schritt unter dem Wechsel, der aus der Dickung führte, an. Bald schreckte hinter mir oben ein Reh, und als es sichtbar wurde, wollte ich es gleich mit dem Zielfernrohr ansprechen. Er war es – zog aber, ohne stehen zu bleiben und sich um die Blattlerei zu kümmern, über die „Hollerer-Straße" hinauf. Ich wartete, dass er in großem Bogen zu seinem Einstand zurückkäme – doch vergebens, zu Mittag brach ich ab und ging zum Essen zur Hütte.

Regenschauer, Nebel und kurze Aufhellungen lösten einander ab. Am Nachmittag schreckte wieder ein Reh im Sumpfloch unten, und ich ging über die gegenüberliegende „Hydner-Halt" hinunterschauen, konnte aber nichts bemerken. Beim Heraufgehen kam mir der Gedanke, hier herüben anzusitzen, war er jetzt doch in letzter Zeit meistens auf diese Halt gekommen. Auch wenn er am Grummetbracherl neben der Gemeindestraße käme, würde es gut passen.

Zwischen den vom Gleichschieben liegen gebliebenen Wurzelstöcken klemmte ich ein Brett als Sitz hinein und eine kleine Stange als Auflage für den Abendansitz. Das Wetter war wechselhaft. Nebelschwaden stiegen aus den Gräben, sogar Sonnenstrahlen brachen durch. Gegen sieben Uhr stand wie hingezaubert ein Reh am Grummet unter dem Trafo. Es war der Bock, er musste aus dem Waldspitz, wo jeder Meter aufgeplätzt war, gekommen sein. Während des Ansprechens verschwand er hinter den Fichten am Zaunrand. Das entsicherte Gewehr lag am Mantel, und es stellt sich pünktlich der „Daterich" ein. Auf welcher Seite würde er hervorkommen? Nach bangen Minuten, in denen er ja völlig frei neben der Straße in der Abendsonne stand und ich nur hoffen konnte, dass kein Auto kam – wurde er sichtbar. Der Schuss brach zuerst nicht als das Fadenkreuz am Blatt stand, es brauchte länger, bis ich ihn loswurde. Der Bock hörte den Knall nicht mehr und versank auf der Stelle im Grummet. Er war es, genau wie beschrieben und uralt, sicher mein ältester Bock. Groß waren die Erleichterung und die Freude und mit ihr die Dankbarkeit – ein jahrelanger Traum war in Erfüllung gegangen, durch Ausdauer und Zähigkeit.

Mein Tun war von der Hütte aus mit dem Fernglas beobachtet worden. Ich zog ihn, von der Hütte aus nicht zu sehen, zum Waldrand, und schon kam Markus, der Vierjährige, als Erster die Straße herübergetrappelt. „Kleine Stangen" – seine verlegene Bemerkung. Als die großen Kinder, die tagsüber Steig putzen waren, heimkehrten, kamen auch sie mit der Mutter herüber und überreichten mir passenderweise einen Efeubruch und dem Bock einen Efeukranz.

Um den vollen Wert des Glückes erfahren zu können, brauchen wir jemanden, mit dem man es teilen kann. Wenn Kinder da sind, bedarf es gar keiner bewussten Teilung – ihre naiv kindliche Mitfreude, sie ergibt sich von selbst. Dankbar nahm ich die Freude meiner Kinder an, um meine eigene noch zu vervielfachen. Solche Glücksmomente berühren, machen leicht und lebendig, jeder Mensch braucht sie zum Leben. Uns Jäger erreichen sie in der Erfüllung unseres jagdlichen Tuns – die kleinen neben dem Pirschsteig täglich, die großen wie an diesem Tag seltener.

Der Efeubock, im Hintergrund der „Groß Hydner“

Tagebuchseite zum Efeubock mit Skizzen vom elfjährigen „Jagason“

Der Knöpfler im Zaun

„1993“ ist in die lärchene Brüstungsverschalung eingebrannt, sie gibt das Erbauungsjahr dieses mithilfe von lieben Freunden errichteten Hochsitzes in einem schwer bejagbaren Grenzrevierteil an. Sein charakteristisches, korbförmiges Aussehen verdankt er seiner den Leitästen des großen Bergahorn folgenden Brüstungen und dem abdeckenden Bretterdach. „Spindelbaum“ wird der Bergahorn im Volksmund ob seines überaus harten Holzes, aus welchem früher Spindeln für Obstpressen hergestellt wurden, genannt. Die Härte dieses Holzes konnten wir beim Hochsitzbauen unmittelbar erfahren – es musste für jeden Nagel vorgebohrt werden, jedoch noch ohne Akkuschrauber. Im Grabenschluss der etwa fünfhundert Meter langen, in sich vielgliedrigen, von Wald umgebenen Weidefläche stehend, bot er einen guten Ausblick und lud ein zu hoffnungsvollem Ansitz und Anblick.

Im darauffolgenden Winter machte der Besitzer, wie bestellt, genau oberhalb dieses Hochsitzes und der vorgelagerten Weide einen großen Aufhieb in Form eines Kahlschlages. Die schwierige Errichtung des „Spindelbaumhochsitzes“ schien damit noch gerechtfertigter und erfüllte mich mit großer Erwartung und Vorfreude. Doch wie es keine ungetrübte Freude – ja, scheinbar nicht einmal Vorfreude – gibt, folgte die Ernüchterung ebenso prompt im Frühjahr darauf. Nachdem der Schlag abgeräumt und aufgeforstet war, stand auch schon ein Wildschutzzaun rundherum. Aus war der Traum, und alle damit verbundenen Hoffnungen zunichte – mehr noch –, es zeigte sich bald, dass dadurch die alten Hauptwechsel zu den Äsungsplätzen auf der Weide abgeschnitten bzw. unterbrochen worden waren und damit das Austrittsverhalten des Wildes empfindlich gestört und sogar so weit verändert worden war, dass auch auf der Weide darunter viel weniger Wild zu beobachten war als vorher.

In diesem Jahr hatte ich einen revierlosen, jüngeren Jäger aus der bäuerlichen Nachbarschaft auf einen Jahrling eingeladen. Schon im Frühjahr konnte ich in diesem Revierteil einen zunächst noch im Bast befindlichen perfekten Knöpfler ausmachen und bestätigen (nach dem Auskochen zeigten sich schöne geperlte braune Knöpferln, ein richtiger Uhrkettenschmuck). Später hörte ich dann oft häufiges Brechen und Sprengen in der näheren Umgebung, bis ich ihn einmal in rasender Flucht vor einem sehr hoch aufhabenden, nur hinterendigen, überaus aggressiven Bock sah. Der schwache Knöpfler war schon rot, sein ebenso schwaches Schwesterchen, das anfangs öfter mit ihm austrat, war noch grau und hatte einen langen verkrusteten Forkelhieb an der zarten Flanke.

Einmal waren beide am ersten zarten Grün des Riegels vor der alten, baufälligen Kanzel im unteren Bereich der Weide an den Ruinen der ehemaligen Hofstelle, wo ich des größeren Überblicks wegen oft Ausschau hielt, als wieder der Aggressive kam. Der Knöpfler war wie der Blitz weg, und der Platzbock nahm sofort die Schmalgeiß an. Diese ging heftig fiepend, wie flehend in tiefste Demutshaltung, indem sie die Vorderläufe – Hunden gleich – nach vorne streckend sich niedertat, bis er von ihr abließ. Wahrscheinlich nur für dieses Mal, denn eine Woche darauf schlug mir beim Aufstieg in der Straßenkehre darunter im Graben starker Verwesungsgeruch in die Nase. Ich habe die Schmalgeiß nie mehr gesehen. Die Auslese in der Natur ist hart, aber eben den Schöpfungsgesetzen folgend.

Mein Gast kam, und erwartungsvoll machten wir die ersten Pirschen, doch erfolglos. War er auch schon dem „Mörder“ zum Opfer gefallen, war es das Weidevieh, das nun bereits aufgetrieben war, dass die Rehe sich nicht mehr zeigten? Wenig bis gar nichts hatten wir in gut einem Dutzend Pirschen an Hitze- und Gewittertagen gesehen. Nichts brachte Abwechslung in die monotonen Ansitze, kein Fuchs, kein Dachs, kein Marder zeigte sich, obwohl ein Vogelkirschbaum früchtestrotzend verlockend herunterleuchtete. Lediglich eine Bussardfamilie war ständig präsent. Es wurde Ende Juli, das Interesse erlahmte verständlicherweise, und mein Gast war immer öfter verhindert. Ich aber hatte Sorge, meinen Jährlingsabschuss zu erfüllen, und der Gast bat mich, auch selbst zu schießen, sollte ich ihn einmal in Anblick bekommen.

Abwechselnd auf der alten Kanzel unten und dem Spindelbaumhochsitz oben, je nachdem, wo die „lästigen" Rinder sich gerade aufhielten, versuchte ich es nun auch alleine. Nach einem starken Nachmittagsgewitter saß ich oben am Spindelbaum, als unvermittelt in der hoch verwachsenen eingezäunten Kultur oberhalb der Weide ein roter Fleck sichtbar wurde – der Knöpfler! – und gleich wieder im Dickicht verschwunden war. Er hatte offenbar hier im sicheren Zaun seine Nische gefunden, wo er Ruhe hatte. Er musste irgendwo ein Loch zum Hereinschlüpfen gefunden haben, jedoch nicht mehr hinausgekommen sein! Deshalb war er nirgends mehr zu sehen gewesen, hier hatte er seinen Lebensraum auf einem knappen Hektar gefunden.

Nach dieser Erkenntnis holte ich wieder meinen Gast, doch wieder vergeblich, was auch verständlich war, denn der Knöpfler war in dieser dichten und hohen Mischholzkultur schwer und nur zufällig zu sehen.

Das nächste Mal war ich wiederum nach starkem Gewitter allein auf dem Spindelbaum. Als ich gerade das Buch weglegte, wurde der elektrisierende rote Fleck oben im Blattgewirr sichtbar. Zum Schuss entschlossen, richtete ich die Auflage und zielte, war aber unsicher, weil man nie weiß, wie weit die Äste, Halme und Blätter sich vor dem Ziel befinden. Der Knöpfler zog relativ rasch äsend schräg hinauf, und ich wusste, dass ich jede einigermaßen günstige Chance sofort nützen musste. Als ich den Schuss endlich loswurde, rührte sich überhaupt nichts, keine Fluchtbewegungen, kein Schlegeln, kein Brechen in dem Dschungel – nichts war zu hören oder sehen.

Ich stieg gleich hinauf, mir zuvor einen Orientierungsbaum in Form eines Ahornüberhälters einprägend, denn eine Suche dort oben benötigt noch gutes Licht. Erst als ich über den Zaun gestie-

Errichtung des Spindelbaum-Hochsitzes

gen war, erkannte ich wirklich, wie hoch, dicht und nass die von noch sichtbaren Frattenzeilen durchzogene Kultur war. Herrliche Selbstverjüngung von Ahorn, Esche, Buche und Birke in mannshohen schönen Schösslingen, ja selbst Tannen waren da. Eine wahre forstliche Augenweide. Die Fichtenaufforstung war wohl auch vorhanden, aber weit hinter der Laubholznaturverjüngung. Daneben natürlich Hasel, Holunder, Salweide sowie Himbeere, Farn und Goldrute. Ein wahrer Dschungel, triefend nass wie im Regenwald, war meine Assoziation.

Obwohl mir umgeknickte Himbeerblätter weiß entgegenleuchteten, zeigten sie keine Flucht- oder gar Wundfährte an, sondern eher Äsungsspuren. Mehrmaliges Umkreisen des vermeintlichen Anschusses, der Abstand zum Richtbaum war aus dieser Perspektive ungewiss geworden und brachte im schier unheimlichen Blätter- und Staudengewirr keinerlei Anhaltspunkte

oder Aufschluss. Die Gedanken an den Bereichshundeführer verdichteten sich, als ich, bis zum Hals völlig durchnässt, eine Fratte unter meinem Richtahorn erklomm, um in die Runde zu schauen. Da stand ich vor ihm, auf dieser großen Fratte, auf der er etwas erhöht im Schuss gestanden haben musste, denn sonst hätte ich ihn kaum gesehen. An genau dieser Stelle war er geblieben, mit einem etwas glücklichen Schuss am Trägeransatz – und mit Sicherheit den Schuss selbst nicht mehr vernehmend.

Tage später, nachdem ich rund um den Kulturzaun gegangen war, ergab sich die Erklärung für das Phänomen des „Knöpflers im Zaun“: Ein von oben herab auf den Zaun gestürzter mächtiger, breitastiger Windwurf hatte durch die Äste abgestützt den Zaun gerade so weit niedergedrückt, dass ein Reh von oben einspringen, jedoch nicht mehr zurück hinaus konnte – ähnlich einem „Einsprung“ bei einem Rotwild-Wintergatter.

Nach dem Auskochen zeigten sich schön geperlte braune Knöpferl, ein richtiger Uhrkettenschmuck.

Ein Rehbocksommer – rund um die Jagdhütte

Unter dem Holzzaun meiner Hütte liegt sonnseitig eine arenaartige Wiesenmulde mit einem kleinen Teich an der Stelle, an der beim griechischen „Theatro" die Bühne liegt, erschlossen von einem Wiesenweg, der ums Hauskögerl in die „Arena" hinunterführt. Am seitlich begrenzenden Riegel, vom Hüttengangl gut einsehbar, steht auf einem kleinen Ebnerl die Rehfütterung.

Als ich einmal Ende Mai zu Hütte kam, stand dort noch bei Sonnenschein der sich neu eingestellte „Hüttenbock" (nachdem sein Vorgänger im Winter Opfer von wildernden Hunden geworden war) – bewegungslos, sodass ich ihn mit dem Spektiv gründlich ansprechen konnte – ein bester Zukunftsbock.

Tags darauf stand dort, tageszeitlich noch früher, eine Altgeiß, mit von meiner Warte aus halbschräg von hinten gut sichtbarem, prall gefülltem Gesäuge, und starrte rund eine Viertelstunde lang voller Ergriffenheit und Staunen auf etwas, das ich nicht sehen konnte, wohl auf ihr frisch gesetztes Kitz.

Die Wiesenmulde bekam langsam Farbe, die Wiesenblumen blühten auf, vor allem der von den Rehen so gerne angenommene, mundartlich „Klaft“ oder „Lurgrach“ genannte Klappertopf. Dieser stellt um diese Zeit für etwa vierzehn Tage eine richtige Rehkirrung dar.

Schon im zeitigen Frühjahr beim ersten Grün hatte ich meine Böcke ausgemacht, und so stand mein Abschussplan für heuer bereits fest: Zuerst wollte ich auf einen interessanten Knöpfler gehen, dann auf den guten „Sichelbock“ vom Nachbarn „Kalbacher“ und in der Brunft auf den „Weiten“ in seiner Höchstform beim „Goaßler“. Diese Namen entstehen eher zufällig und leiten sich meist von der Form oder Farbe, dem Standort oder von Lebensgewohnheiten des jeweiligen Bockes ab.

Fast den ganzen Mai verbrachte ich demnach am sogenannten Haltsitz, etwa siebenhundert Meter Luftlinie von der Hütte entfernt, an der Besitzgrenze zweier Hutweiden, von dem ein bis in den Graben hinunterreichender, vielgliedriger Haltspitz einzusehen ist. Hier hatte ich den Knöpfler im Frühjahr mehrmals bestätigt: Vier Zentimeter hoch die Stangerln, gegengleich vorgegabelt bzw. nach hinten gestellt, mit durch den Bast deutlich sichtbaren Roserln, im Wildbret schwach mit herausstehendem Rückgrat, oft allerdings vom dortigen Platzbock versprengt, wenn er sich nicht noch bei der Altgeiß – seiner Mutter – Schutz suchend herumdrückte. Später war er einfach nicht mehr zu sehen gewesen, in windigen Zeiten und an Regentagen blieben auch mehrstündige Ansitze erfolglos, bis es mit dem Pferdeauftrieb auf diese Halt Ende Mai völlig aussichts- und sinnlos wurde. Wohin könnte er sich überstellt haben? Das landwirtschaftlich genutzte Grünland mit bestem Äsungsangebot liegt rundherum generell höher als der Haltspitz und das Grabenloch. Vielerlei Möglichkeiten, wohin er sich gewandt haben könnte, kamen in Frage. Auch eine pirschende und sitzende Rundumsuche war umsonst. Jeder Jäger weiß, wie schwer es ist, so einen Knöpfler nochmals zu finden.

Am Fronleichnamstag, es war heiß, überall wurde gemäht und siliert, kam ich am Nachmittag zurück von der Wildsammelstelle mit der dicken, mehrfächrigen Lederaktentasche, die das „Jagdbüro“ beinhaltet: Kassen- und Schriftführung, Meldekarten, Abschussliste, Abrechnungen usw. Ich warf die alte Tasche auf den Tisch am Gangl, um im angenehmen Halbschatten der Hauslinde noch einiges fertig zu machen, da entdeckte ich wieder ein Reh unten am Damm in der Wiese.

Der Blick durch das Fernglas erschien mir aufgrund der Verkürzung durch die Optik, als ob ich in einen sonnenbeschienenen, bunten Wiesenblumenstrauß schauen würde, bestehend aus dottergelbem Wiesenbocksbart, kobaltblauem Salbei, zartrosa „Rosettenklee“ der Esparsette, dazu mischte sich das Giftgelb des Hahnenfuß‘ mit dem Weiß der Margeriten und Schafgarben, das ganze Bouquet mit dem zartgrüngelben Klappertopf unterlegt. Damals wurde in dieser Gegend erst so gegen Sonnenwende gemäht. Das Reh selbst war halb verfärbt, wahrscheinlich die Kitzgeiß – nein, ein Knöpfler, ein schwaches Stück mit hochstehendem Rücken. Zeit für eine spektivische Beobachtung blieb nicht mehr, jetzt musste es schnell gehen. Obwohl es mir schwerfiel, weil ich mich auf ein bestimmtes Stück eingestellt und verbissen hatte, holte ich rasch die kleine Blockbüchse aus der Hütte, schob die „Jagdbürotasche“ als Auflage auf die Ganglbrüstung vor und – der Knöpfler verschwand aus dem gut einsehbaren, aber nur schmalen Streifen zwischen Hofzaunoberkante und Dammkante. Bald kam er aber auch genauso vertraut äsend zurück und blieb nach dem unvermeidlichen Schuss und einer kurzen, zappeligen Flucht im Blütenmeer der Wiese am Fuße des Fütterungsriegels gestreckt liegen.

Groß war die Überraschung und Freude, als ich das Minihäuptl mit der wie eine Karikatur wirkenden, fast fertig verfegten Trophäe aus dem Blumenmeer aufhob. Der Vielgesuchte, da wo ich ihn überhaupt nicht vermutet hätte, ja, er war mir geradezu entgegengekommen, fast vor die Hüttentür. Wie eingangs beschrieben – das vorgereckte Gaberl auf der einen, das zurückgebogene Stangerl auf der anderen Seite und die zarten Roserln.

Vielleicht gar ein Fütterungserfolg? Denn ohne Fütterung hätte ihn wohl der Winter ausgelesen. Die Sonne stand noch hoch und brachte die prächtige Farbigkeit zum Leuchten, sodass ich nicht anders konnte, als mir einen Strauß zu pflücken für den Hüttentisch und mit dem Böckl mitzunehmen. Die Jause mit dem Schluck Rotwein am Gangl mit Blick auf den Schauplatz und Nachempfinden des überraschenden Geschehens ging sich vor der eigentlichen Abendpirsch noch leicht aus.

Die „Kalbacher-Wiese" vom Nachbargehöft zu besuchen hatte ich vor, um zu sehen, ob mein „Sichelbock" noch da war, denn in zwei Tagen war der 1. Juni. Diese ist schwierig anzugehen wie die meisten Pirschplätze hier in meinem Pirschbezirk: Wenn man so von oben herkommt, steht der Wind natürlich schlecht. Und an diesem Tag schien noch um 19 Uhr die Sonne.

Da sah ich plötzlich ein Reh im Überschatten des „klaftgelb" blühenden „Winterhanges", wie diese Wiese genannt wird. Ein

Bock wahrscheinlich, aber es war zu weit, um Genaueres sagen zu können.

So umging ich den völlig ungedeckten Weg hinunter zum Hochsitz hinter dem Gebüsch der Sautratte unter dem Gehöft und kam unbemerkt zu diesem Hochsitz. Durch das im Gegenlicht der tiefstehenden Sonne flimmernde Spektiv erkannte ich meinen Sichelbock, und zwar an der Stelle, an der ich ihn vor Jahren zum ersten Mal gesehen hatte: Er wirkte gewaltig mit seinen langen, geschwungenen Enden und eher schlanken, oben korbförmig zusammengeschwungenen Stangen. Die fingerlangen, wie Augenden aufgebogenen Kampfsprossen waren ebenso wie die bis auf Fingerbreite zusammenstehenden Hinterenden jeweils als Schwung und Gegenschwung geformt – eines der Stilmerkmale des Barocks – wonach ich ihn umtaufen musste zum „Barockbock".

Viel später trat unten im Wiesengrund in der Dämmerung eine Geiß aus, und ich merkte erst jetzt, wie spät es geworden war, während ich diese Zeilen als Rohfassung in der ersten Freude in ein altes Kalenderbuch niedergeschrieben hatte. Die eigentliche Geschichte der Erlegung des Sichel- bzw. nun Barockbockes verlief dann fast zu planmäßig, ohne Unerwartetes, Zufälliges. Das heißt nicht, dass ich undankbar wäre, denn der Bock gehört mit zu meinen besten, und die Freude seiner Erbeutung war ehrlich und groß. Wohl waren noch einige anstrengende Pirschen mit vielen Widrigkeiten wie schwere Gewitter, Regen und Nebel, Sturm und Schafskälte, hohes Heugras, starkes Gegenlicht und dergleichen notwendig, um ihn erst einige Wochen später zur Strecke zu bringen. Die einzige Überraschung war – und das ist bei so guten Trophäenträgern eher selten – er war eindeutig ein Einser.

Der „Weite" schließlich kam nicht zur Strecke. Durch zu starken Weidegang und die große Trockenheit war die Weide ausgefressen bis auf die Wurzeln; in der Brunft war dort kein Rehwild mehr zu sehen. Aber so blieb die Hoffnung aufs nächste Jahr, eine Hoffnung, die wir alle – nicht nur wir Jäger – brauchen.

Zwischen Jakobi und Laurenti

Früher spielten die Heiligen im Leben der Menschen und im Kirchenjahr eine große Rolle, wenn also von Jakobi, Laurenti, Ägidi usw. die Rede war, wusste jeder, welche Kalendertage damit gemeint waren. Daher waren die großen Heiligengestalten gliedernde Pfeiler im Laufe des Kirchenjahrs, auf welche sogar die Sonntage Bezug nahmen. So gab es beispielsweise einen zweiten Sonntag vor Laurenti oder einen dritten Sonntag nach Ägidi, Michaeli und wie sie alle heißen.

Diese markanten Heiligenfiguren sind zu Lostagen geworden, nach denen man dem früheren Volksglauben nach das Wetter, das danach herrschen würde, voraussagen konnte. Weil das Wetter für die Verrichtung von bestimmten Arbeiten im bäuerlichen Arbeitsjahr eine wichtige Rolle spielt, stellte man zu diesen Lostagen Wetterregeln auf, z. B.: „An Fabian Sebastian (20. Jänner) fängt der Wald zu saften an.", „Sonnt sich der Dachs in der Lichtmesswoch (2. Februar), eilt er auf vier Wochen wieder ins Loch.", „Es führt St. Gertraud (10. März) die Kuh zum Kraut, dass Ross zum Pflug, die Bienen zum Flug."

Auch für das Jagdjahr sind solche Lostage prägend geworden. Für die Schnepfen gilt z. B.: „Oculi (dritter Fastensonntag) – da kommen sie". So heißt es z. B. „Schießt den Hahn du vor Georgen (24. April), kannst du das Treten selbst besorgen." „Jakob" (25. Juli) und „Anna" (26. Juli) gelten als Beginn und „Laurenti" (10. August) als Höhepunkt der Rehbrunft, während zwischen „Ägidi" (1. September) und „Michaeli" (29. September) die Zeit der Hirschbrunft ist.

Viele Jäger haben einen dieser Tage der ersten Hälfte des August zu ihrem „besten" Blatttag erklärt, einfach erklärbar aufgrund von Erfolgen, die sie an jenen Tagen immer wieder hatten, weil sie eben genau an diesen Tagen der Blattjagd frönten. Mein Vater z. B. schwörte auf den 10. August, also auf Laurenti. Ich selbst habe mich nie auf einen bestimmten Tag festgelegt, nicht einmal auf meinen Geburtstag, der in diese Zeit fällt. In meinem Jägerleben habe ich aber sicher jeden einzelnen dieser Tage der ersten Augusthälfte pirschend und blattend im heimischen Revier verbracht und auch viele Rehböcke erbeutet. Auch meinen ersten Rehbock brachte ich einen Tag vor Laurenti zur Strecke.

Wenn beim Rehbockjagern im Juni nichts geht und nicht einmal ein Jahrling bislang zur Strecke gebracht werden kann, wird es schön langsam kritisch. Der Juli ist dann meist eine tote Zeit, und nur auf die Rehbrunft kann und soll man sich auch nicht verlassen. In eben dieser Situation befand ich mich in diesem Jahr. Im Vorjahr schon brachte ich meinen Jahrling einfach nicht zustande – und nicht nur ich. Das lag wohl am stark zurückgegangenen Rehbestand (aufgrund von Trockenheit, natürlichen Schwankungen) im Vergleich zu früheren Jahren, in denen es mühelos möglich gewesen war, mehrere Knöpfler zu erlegen. Unsere Jagdgesellschaft war in den letzten Jahren immer schon unter dem aufgezwungenen, nichtbegründeten Plansoll geblieben.

Bei der nachmittägigen Ankunft auf der Hütte Anfang August zog zum Auftakt schon ein fremder, unbekannter Bock vom Teich zum Grenzkagh, den ich gerade noch genau ansprechen konnte: halbeng, massig, Vorderenden länger als hintere, starke Rosen, gelb ober den Lichtern, kein Muffelfleck, starker Träger, der war alt – der würde gerade passen, ein ganz guter.

Tags darauf trieb um dieselbe Zeit schon ein Pärchen in der Hausmulde um den im Mittelpunkt liegenden Teich. Natürlich an den guten Bock von gestern denkend, bekam ich gerade noch meine Jagdutensilien unbemerkt aus der Hütte heraus und stellte fest: Es war doch „nur“ der gut bekannte Hausbock, ein mittlerer Sechser.

Der Frühansitz des nächsten Tages am Hüttengangl brachte nichts. Ab Mittag setzte anhaltender Intensivregen mit Donnergrollen ein, daher gönnte ich mir eine ausgiebige Ruhestunde nach Tisch. Aber am halben Nachmittag musste ich einsehen, dass das nichts Vorübergehendes war und entschloss mich, mit Regenschirm zum Haltsitz – dem einzigen gedeckten Hochsitz – zu gehen. Die Wolken schienen alle Schleusen geöffnet zu haben, um nachzuholen, was sie in den letzten drei Juliwochen versäumt hatten.

Nach seiner Lage zwischen zwei benachbarten Weiden Haltsitz benannt, hat dieser Hochsitz etwas Einzigartiges an sich, das ich kurz beschreiben möchte. Der Zugang führt über die große „Kalbacher-Halt“, die ob ihrer Steil- und Kargheit mehr oder weniger aus Viehsteigen und Dornen besteht: Von „Hackspitz“ (Hagenbutte), über „Kreuzdorn“ (Berberitze), Mehldorn und Schlehen bis zu Brombeeren findet sich hier alles, was spitz und stachelig ist und stellt so das Hinterland dieses Hochsitzes dar.

Der Hochsitz selbst befindet sich in halber Hanghöhe auf einer einzelnen Fichte im in der Falllinie verlaufenden Grenzkagh. Die davor liegende, vielgliedrige Weide mit „Büherl“ und „Schlüatl“ sowie verbindenden Rainen, im oberen Bereich noch mit alten Obstbäumen bestanden, reicht vom Bachgrund bis zur Hangschulter hinauf. Drunten treffen sich auf engstem Raum mehrere Gräben mit ihren Bächen und kleinen Seitenläufen. Die Ränder des dreiseitig umgebenden Waldes verlaufen unregelmäßig den bestimmenden Geländestrukturen folgend und sind durch ein „Klankl“ oder „Klangh“ (wie unser alter unvergesslicher Jäger Zettl diese lockeren Zusammenhänge oder Übergänge zwischen größeren Waldkomplexen nannte) verbunden. Man spürt hier geradezu die Jagdträchtigkeit dieses abgeschiedenen Winkels mit seinen Zwangswechseln und seinem naturgegebenen Äsungsangebot.

Ich blatte grundsätzlich nicht gern von oder auf Hochsitzen. Für die Blattjagd habe ich einfache Standeln an den Steigen, Wechseln und Wegen im Revier, die oft nur aus einem Stockabschnitt an einem Baum, einer günstigeren Steinplatte oder einem geeigneten Wurzellauf bestehen. An diesem Tag war der Hochsitz eine wetterbedingte Ausnahme. Es war schön, im prasselnden Dauerregen unter einem guten Dach zu sitzen. Die

Der „Haltsitz“

Stimmung war trotzdem eher gehoben und die Zeit verging leicht und locker. Nach etwa einer Stunde zog vom Eck unten der sogenannte „geperlte Schwarze“, mir schon vom Frühsommer her bekannte, aber altersmäßig nicht einschätzbare Sechser suchend schräg herauf, um sich dann im Dornendschungel hinter mir zu verlieren, vielleicht um die dort von mir beim Hergehen abgetretene Geiß zu suchen. Es schüttete weiterhin; doch dem Rehwild in der Brunft macht das überhaupt nichts aus, nur wir sind in solchen Situationen hilflos und eher selten draußen. An die vier Stunden dürfte ich nun schon hier als Gefangener des Regens gesessen sein, als es gegen Abend plötzlich rot leuchtete zwischen den Traufästen des Waldrandes schräg unter mir: Der Gesuchte von Vorgestern stand zwischen zwei Randbäumen wie unter einem Wasserfall. Ein Blick, auffahren, Schuss, und er lag wie vom Schlag getroffen im Feuer. Wenn es so schnell gehen musste und keine Zeit zum Zögern und für alle „wenn und aber“ blieb, wenn der erste Blick genügen musste, dann passte der Bock bei mir immer.

Was aber nun tun? Zeit zum Abregen brauchte ich diesmal nicht, ich hatte ja auch keine zum Aufregen. Aber gelöstes, freudiges Nachsitzen, eine Art Totenwacht auf Distanz, war auf jeden Fall schön und in diesem Fall zwangsläufig angebracht. In dieser Zeit wurde mir aber auch klar, dass es ohnehin keine Alternative gab, ich musste hinunter, mit dem Regenschirm, alles andere am Hochsitz zurücklassend. Echte und tiefe Freude überfiel mich, als ich bei ihm stand und mich bückte, um das Haupt nachzudrehen und einen tastenden Griff in den Äser zu machen. Ein reifer, guter Altbock von sieben bis acht Jahren mit allen Merkmalen des Gesuchten, wenn er mir auch etwas weniger massig erschien – ein Unterschied, der sich infolge unserer optischer Hilfsmittel nicht selten ergibt. Mein Büchsenmacher meint dazu immer: „Die modernen Gläser lügen“.

Den Schirm klemmte ich zwischen die zwei Baumstämme, damit ich die Hände frei hatte zum groben Aufbrechen und erleichtern. Danach zog ich ihn gleich mit hinauf zum nächsten

Ein reifer Bock, etwa 7 oder 8 Jahre alt

Traktorweg, um dann weiter zur Hütte zu laufen, wo es auch eine überraschende Neuigkeit gab: Während meines Schusses hatte der Hausbock im ärgsten Regen bis unter den Zaun herauf getrieben, dann war der gesuchte Kapitale dazugekommen, um dem Schwächeren gleich seine Gesponsin abzunehmen und zu entführen, berichtete Rike von ihrem Aus- und Anblick aus dem Hüttenfenster.

Endgültige Gewissheit aber, dass ich also doch nicht den Bock von vorgestern geschossen hatte, bekam ich am nächsten Morgen, als ich ihn auf der Fahrt zur Kühlzeile in einer Mulde, friedlich niedergetan neben seiner äsenden Geiß, mit dem Spektiv gut und ruhig beobachten konnte. Die Ähnlichkeit – ja, Gleichheit – war so groß, dass es Zwillinge sein könnten, nur war der, der seine Fährte noch ins nächste Jahr ziehen konnte, halt um eine Potenz stärker und massiger in allem. Meine Freude war aber dadurch in keiner Weise getrübt, und das mittägige Geburtstags-Leberessen am Gangl wurde noch durch den zugestellten positiven Bescheid über die Jagdvergabe an unsere Gesellschaft für die nächsten neun Jahre verschönt.

Nach einigen Tagen obersteirischer Höhenluft setze ich meine Blatt-Touren fort. Der Laurentitag war trüb und bedeckt, aber schwül. Ich nahm mir den Ronnerkogel, einen der entlegensten Revierteile vor, beginnend im Gaberl hinter der „Harrer-Keusche“.

Am ersten Platz, in der ersten Minute nach dem ersten Fieper lag ein Jahrling, und damit war mein Bockabschuss erfüllt. Und so war es zugegangen: Ich saß am Wurzelanlauf einer Fichte im steilen Gegenhang ober dem schmalen Steig, der dort den Hauptwechsel kreuzt, mit freien Blick zum Bacherl hinunter und zum gegenüberliegenden Schlag, als es nach dem ersten Fieplaut hinter mir oben im Hang leise knisterte. Im mageren Fichtenanflug, gemischt mit Haselstauden und Farn, äugte mir ein Böckerl mit hellen, nadeldünnen, niedrigen Stangen auf acht Schritt völlig unerwartet ins Gesicht. Bei meiner ersten Schreckbewegung riss es ihn, so wie vorher mich, er machte aber trotzdem noch ein Haberl, und ich kam – weiß aber nicht mehr wie, unvorbereitet wie ich war – in den Plotschen vor mir irgendwie, auf einen Ellbogen mich stützend, zu liegen, brachte Rotschimmer in das Zielglas, und der Schuss brach. Ich sah den Bock gerade noch abspringen und gleich einen Haken schlagen, und damit war alles vorbei. Es war mir auch unmittelbar danach nicht möglich, den Hergang des Geschehens zu vergegenwärtigen oder auch nur einigermaßen nachzuvollziehen. Es muss eine irrational ablaufende, reine instinktive, intuitive Reaktion bzw. Handlung im Zeitraum eines Augenblickes gewesen sein.

Nach zehn Minuten, in denen ich sogar weiterblattete (denn es ist schon vorgekommen, dass ein gefehlter Bock noch einmal gesprungen ist), ging ich voller Zweifel und völlig unsicher die paar Schritte hinauf, da schimmerte es schon rot aus dem Farn, dort, wo er den vermeintlichen Hakenschlag gemacht hatte – es war seine kippende Todesflucht gewesen. Tiefer Ein- und hoher Ausschuss aufgrund der Steilheit des Hanges. Erleichtert und voll Freude nahm ich mir einen Tannenbruch, machte ihn fertig und brachte ihn zur Kühlung. Fast etwas wehmütig war ich darüber, dass ich nicht meine ganze Tour machen konnte.

Nach einem entspannten, geruhsamen Nachmittag machte ich noch einen Abendansitz an der „Kalbacher-Wiese“, wo zwei langjährig bekannte, aber schwer zu erreichende greise Altgeißen schon lange überständig standen. Die Kulisse: ein großer, nicht ausschießbarer Wiesenkessel, wo noch das letzte Grummet stand. Am unteren, quer zum flachen, am Hang verlaufenden Damm tauchten immer wieder ein treibender Krüppelspießer und die helle kahle Geiß auf. Als sich die Geiß niedertat, stupste der Spießer sie mit dem Äser auf, und es kam zum Beschlag mit zweimaliger deutlicher Kopulation. Danach tat sich die Geiß sofort wieder nieder, der Bock äste weiter. Meist waren nur Häuptl, Träger und eventuell der Rücken zu sehen im hohen, überständigen Futter mit schon eingestreutem, rotbraunem Ampfer. Später zogen die beiden äsend den Damm herüber und damit etwas näher. Ich war mehrmals minutenlang im gestochenen Anschlag, wagte aber den flachen Schuss ins Gras nicht und nicht – winzig klein war die Altgeiß im Zielfernrohr. Die Angst vor einer Nachsuche im anhaltspunktlosen Gelände und hohen Grummet und die Erinnerung an den Bock eines Gastes, den ich an derselben Stelle abends nicht mehr bergen hatte können, stand mir im Hinterkopf. Inzwischen war eine Muttergeiß am heroberen Damm, halb so weit entfernt, aus dem Hohlweggebüsch getreten – groß und unfehlbar erschien mir diese dagegen im Zielglas.

Es dämmert langsam, und die Alte unten tat sich wieder nieder neben dem Bock. Nächste Woche wäre hier alles gemäht, und dann würde das Vieh bis in den Spätherbst hinein hier weiden, damit wäre hier für dieses Jahr alles vorbei. Da versuche ich einen Trick – ich blattete mehrmals leise an, in der Hoffnung, der Bock würde neugierig schauen kommen und die Geiß mitreißen. Er warf wohl auf, machte ein paar Schritte, aber mehr nicht. Dann wurde die Geiß aber doch unruhig und hoch. Nun begann ich wieder meine Zielübungen. Als sie sich einmal mit dem Äser

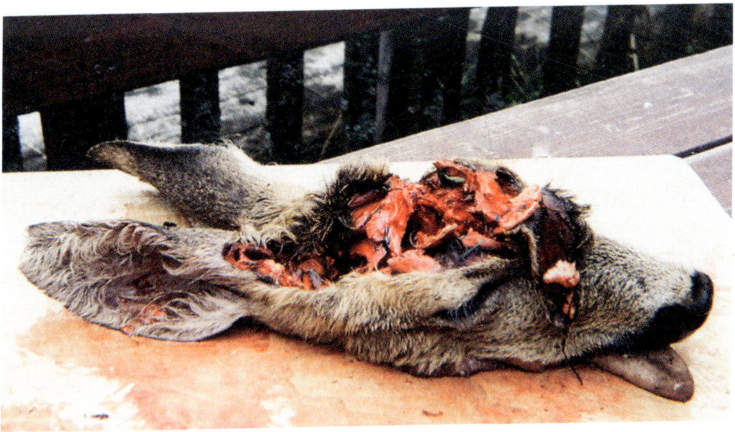

Ein- und Ausschuss am Blatt, Durchschuss des Hauptes

an der mir abgewendeten Blattseite putzte und ich punktgenau auf der mir zugewendeten Blattseite ruhig mit dem Fadenkreuz stand, dachte ich mir, in dieser Position wäre es ein Blatt- und Haupt-Schuss gleichzeitig, und ungewollt, unbewusst, wie magisch gesteuert war der Schuss draußen und die Geiß augenblicklich weg. Der Bock stand daneben, als wäre nichts gewesen, vielleicht meinend, sie hätte sich wieder gebettet.

Angesichts der Dämmerung musste ich sofort hinunter, zwei charakteristische, große braune Ampferstauden als Anhaltspunkt nehmend, obwohl der Bock unbekümmert dastand. Sehr nahe war ich schon, als er überrascht absprang und ich neben ein helles Häufchen im tiefen Gras sah: Einschuss am Blatt, Ausschuss ebenso, aber genau gegenüber, und Durchschuss des Häuptels, die Schädeldecke zertrümmert – kaum zu glauben auf diese Distanz. Wirklich eine Uralt-Geiß mit langem glattem Haupt, ähnlich einer abgeschmierten Lederhose, sehr zart im Rahmen, zehn Jahre alt, zehn Kilogramm schwer. So rundete sich dieser Laurentiustag zu einem großen Freudentag. Freude, durch sie wächst in uns Kraft, Mut und Dankbarkeit. Freude ist der Stoff, aus dem das Glück gemacht wird, das jeder Mensch zum Leben braucht.

Die Weiße

„Saubarth“ ist der Vulgoname einer hundert Joch großen Hube in der Mitte von beidseitig weiträumigen Weideflächen, der Hofstelle vorgelagert ist das Hühnerkögerl. Ostseitig liegt eine nach Süden ausgerichtete, gut dreihundert Meter lange, sanft fallende Wiesenmulde, an deren unterem, sumpfigem Ende eine große Trauerweide steht. Umgeben ist die Hube von sturmzerzausten Waldrändern, mit Ausblick auf die schöne Silhouette des Dorfes St. Pankrazen und die dahinter kulissenartig gestaffelten, mehr und mehr verblassenden Waldrücken der nördlichen Weststeiermark.

Jagdlich erschlossen war diese Mulde durch einen leicht und gedeckt erreichbaren Bodensitz gleich hinter dem Stadl. Am Sonnenwendabend fand ich die Mulde noch unberührt – eine

Juniidylle. Das Heugras war ein wogendes, silbrig glänzendes Halmenfeld. Ein fahles, sicherndes Rehhäuptl wurde sichtbar – eine Uraltgeiß mit Kitz. Von unten herauf kam ein gut vereckter, glattstangiger Bock mit unauffälliger Geiß – offensichtlich der Platzbock.

Anfang Juli dann wollte ich den Bock noch genauer anschauen und diesen stimmungsvollen Ort genießen. In der Mulde unten begann ein Reh unaufhörlich zu schrecken, sonst nichts. Einige Tage danach, an einem schwülen Abend, kam eine Geiß mit auffallend weißem Spiegel, wie ihn Rehe sonst nur im Winterkleid haben, vom Hühnerkogel herunter, die Mulde überquerend, um gegenüber mit einem Schreckkonzert im Wald zu verschwinden. Die Abnormität und ihr Verhalten ließen mich nachdenklich werden und wiederkommen. Jedenfalls war sie leicht erkenn- und unterscheidbar von allen anderen ihres Geschlechts. Beim nächsten Ansitzen bekam ich sie erneut zu sehen: Die Geiß mit dem weißen Spiegel begann wieder mit langem Schrecken, raste hin und her, dann über die Mulde, um schließlich eine von unten kommende Schmalgeiß zu verjagen. Ihr Verhalten war absolut aggressiv und beherrschend. Nun war mir alles klar, und sie kam auf meine interne Abschussliste als kitzlose Altgeiß.

Nach einer vierzehntägigen Intensivregenzeit war ich wieder im Revier, die Rehbrunft war voll im Gange. Der Platzbock trieb die „Weiße“ intensiv nahezu den ganzen Abend, aber umsonst, sie trennten sich erfolglos, scheinbar einvernehmlich. Der Bock fand sofort eine andere Geiß und blieb bei dieser. Inzwischen kam eine Schmalgeiß mit leichtem Durchfall auf der Fährte des Bockes suchend dazu, wurde aber von der noch irgendwo lauernden „Weißen“ sofort versprengt, an einen Schuss war gar nicht zu denken. Am nächsten Tag wiederholte sich das Spiel, die „Weiße“ gab beim Bock nicht auf, beanspruchte ihn aber leider umsonst, obwohl sich die anderen Geißen förmlich anstellten.

Die vielen Pirschen und Ansitze beim „Saubarth“ und die dabei gemachten Beobachtungen ließen mich so etwas wie ein zuvor noch nie wahrgenommenes Phänomen erkennen. Das in die Wiesenmulde von oben hereinragende zungenartige Waldeck mit seinen Rändern erwies sich als eine Art Rehbrunftplatz. Nachdem das sonst anstößige Wort im jagdlichen Bereich auch bei den Schnepfen gebräuchlich ist, möchte ich diesen Waldrand als „Rehstrich“ bezeichnen, werden doch auch im menschlichen Bereich diese Zonen der Anbahnung als „Strich“ bezeichnet. Entlang dieser Randlinien nahmen alle Rehe Witterung auf und setzen umgekehrt solche für die nachkommenden ab. Dieser Rand hatte außerdem eine markante Stelle für den Ein- und Austritt, gekennzeichnet durch zwei Randfichten, eine auf halber Höhe windgebrochen und deshalb dürr, die zweite mit ihren ausladenden Randästen den Torbogen bildend, durch den der ganze Reigen ablaufen konnte. Grundsätzlich zogen alle Rehe nur an dieser Stelle ein und aus, ein Hauptwechsel offensichtlich.

Doch zurück zur „Weißen“, welche tags darauf nicht zu sehen war. Der Bock war mit der leicht verschmutzten Schmalgeiß unterwegs, sie zogen von unten herauf und verschwanden in der Waldzunge. Später kam noch eine stark verschmutzte Geiß herauf auf den Strich, um dort ebenso zu verschwinden. Insgesamt befanden sich also einschließlich der „Weißen“ sechs Geißen hier.

Drei weitere Abendansitze verliefen nach ähnlichem Muster. Abwechselnd kamen und gingen alle sechs Weibchen, der Bock zeigte sich je nach Situation immer zwischendurch, jedoch kein weiterer ließ sich sehen. Auf einen Blattversuch kam auch die fahle Alte, verließ ihr Kitz und verblieb in der Waldzunge. Der „Strich“ vor dem und die Pforte in das Waldschöpferl waren immer frequentiert, was dahinter geschah, kann man sich unschwer vorstellen. Am intensivsten dabei war natürlich die „Weiße“, meist unsichtbar, aber doch allgegenwärtig, versprengte sie unbarmherzig alles, was sie erspähen konnte oder in den Wind bekam– ein unruhiger Geist, ein unbefriedigtes „Unwesen“. Es konnte keine Ruhe an diesem schönen, stimmungsvollen Platz einkehren. Weil sie aber in ihrer Hyperaktivität springend, trippelnd und sich drehend ständig in Bewegung war, ohne je ein

Haberl zu machen, war es mir unmöglich, einen Schuss anzubringen.

Mitte August, die Rehbrunft war im Ausklingen, kam ich frühzeitig zum Bodensitz, und die „Weiße“ stand am Torbogen am „Strich“ – wie zur Präsentation. Mit guter Auflage gelang der Schuss, und die Geiß blieb am Fleck – endlich, bei der zwölften Pirsch! Beim Aufbrechen zeigte sich nun alles: Das gesamte Gescheide einschließlich Netz war in Feist gebettet, als ich die Eierstöcke ertastete, waren diese nicht wie normal erbsengroß, sondern flache „Narren“, wie die im Volksmund so genannten fruchtlosen Zwetschken bezeichnet werden. Eine unfruchtbare Geiß, eine echte Geltgeiß – aber nicht erst im Alter, sondern von Geburt an.

Der auffallende weiße Spiegel könnte wohl als Signal der Natur verstanden werden, dass an dieser Stelle etwas nicht stimmte – allein der Bock hatte es nicht gemerkt. Die weiße Geiß beschäftigte mich jedenfalls einen Rehsommer lang intensiv, brachte mir aber auch neue Erkenntnisse.

Die Geiß mit dem weißen Spiegel im Sommerkleid

Die Grandl-Geiß

An einem grauen Herbstnachmittag zu einer längeren Pirsch in einen entlegenen Revierteil fahrend, musste ich vor der „Harrer-Brücke“ plötzlich abrupt bremsen, als eine Rehgeiß, die herunter zum Bach wollte, im letzten Moment kehrtmachte, um wieder zurück hinaufzuspringen und in dem Haselböschengewirr zu verschwinden. Ich fuhr ein Stück zurück und erblickte sie abgedeckt hinter einem Baum, abwartend, um ein für sie offensichtlich gewöhnliches Auto vorbeizulassen. Ich konnte sie als Altgeiß mit auffallend kurzer Schürze ansprechen. Dabei fielen mir ihr eigenartiges Benehmen und Aussehen sowie ihre „zachen“ Bewegungen bei den paar kurzen Fluchten auf.

Ich lud rasch das Gewehr, stieg aus dem Wagen und legte übers Dach an, fand sie jedoch im Zielfernrohr auf diese kurze Distanz nicht. Erst als sie sich etwas bewegte und vor dem Baum herauskam, war ein Schuss durch das Haselgewirr auf keine zwanzig Schritt möglich. Ohne jegliches Zeichen sprang sie erst horizontal herüber und dann flott hinauf in die Stauden, soweit ich sehen konnte. Doch dann, als ich mich schon selbst ob des leichtsinnigen Schusses in dieses Staudengewirr zu ärgern begann, rumpelte sie von oben herunter, bis sie an einer Wurzel hängen blieb. Eine Uraltgeiß mit bis aufs Zahnfleisch heruntergeschliffenem Kiefer. Jetzt kam Freude auf nach diesem ungewissen Schuss.

Ich lüftete sie nur, um keine Zeit für die eigentliche Pirsch zu verlieren, und wollte sie auf der Rückfahrt mitnehmen und zu Hause bequem aufbrechen, fertig machen und in den Keller hängen. Im Laufe des Abends dann im Keller kam es mir in den Sinn, noch einmal diesen Kiefer anzuschauen. Beim Aufdrücken des Äsers fuhren meine Finger zufällig über etwas Hartes, Spitzes – und ich blickte verdutzt auf unansehnliche kleine Stifterln im Oberkiefer – es waren Grandln – eine Grandlgeiß!

Diese Überraschung war ein zusätzliches Geschenk und vervielfachte meine bescheidene Freude ins Unermessliche. Ich nahm sie gleich heraus, wie ich es vom Rotwild her kannte. Diese große Seltenheit kommt in einem von tausend Fällen vor, hatte ich gehört oder gelesen. Gefasst in Silber zierten sie meinen Jägerhut und gaben Anlass für viele Fragen, bis eines davon verloren ging – zu wenig Halt in dem winzigen Silberhülschen. Ich konnte es aber ersetzen, als ich zufällig – ja, wie sonst – fünfzehn Jahre danach noch einmal eine Grandlgeiß erlegen konnte. Diese war Ende Oktober noch rot und ebenfalls uralt, und sie hatte nur ein Grandl, was aber genau passte, um mein Schmuckstück wieder zu vervollständigen. Ja, was sich nicht so alles in einem langen Jägerleben begibt – ohne Absicht, Drang oder Hast.

Die Fleckige

Wieder einmal hinkten wir in den letzten Tagen des Jahres mit dem Rehabschuss weit nach, als ich um die Mittagsstunde am Weg zurück vom Nachbarn zur Hütte am Forstweg ober dem schattseitigen Spitzschlag im Graben drei Rehe gebettet bemerkte. Der Weg war schon aper, der Schlag noch schneebedeckt. Mit dem Fernglas war aufgrund der großen Entfernung nichts Rechtes auszumachen, und ich musste das Spektiv von der nahe gelegenen Hütte holen. Damit ergab sich dann folgendes Bild: der bekannte Hausbock, natürlich abgeworfen, in der Mitte, flankiert von je einem Stück Rehwild im gewissen Respektsabstand. Das rechte war von Asteln teilweise verdreckt, das linke war eine Geiß, eigenartig mit Schneeresten – vielleicht irgendwo abgestreift – bedeckt. Der Bock, abgesichert zu beiden Seiten, schlief richtig mit am Boden zwischen den Läufen abgelegtem Häuptl, zu mir hergedreht, die beiden anderen waren wiederkäuend von ihm abgewendet.

Nun hieß es Geduld haben, nachdem ich – wie auch meine Jagdkollegen – schon wochenlang überhaupt kein Reh gesehen hatte. Eine Stunde war vergangen, als das linke Reh einige Male das Haupt hob, dann die Lauscher schüttelte und sich schließlich, noch liegend, mit dem Hinterlauf am Träger kratzte. Dabei blitzte es weiß auf, und ebenso blitzartig wurde mir klar, dass es nicht Schneereste auf der Decke hatte, sondern ein albinotisches Reh war. Als es schließlich hoch wurde und ich die Schürze erblickt hatte, machte ich mich sofort schussfertig und legte auf dem zwischen Straßenböschung und alter Standfichte unter der Straße geklemmten Bergstock auf, den rechten Ellbogen auf dem eigenen Knie abgestützt. So gelang der jenseits der Zweihundertmetermarke liegende Schuss. Die Geiß zeichnete hochschnellend und verschwand im nahen Wald. Der Bock wurde hoch, blieb aber verdutzt stehen und wusste sichtlich nicht, was geschehen war.

Die Fleckige vor der Jagdhütte

Nach einer kurzen Mittagspause konnte ich das Stück bequem bergen. Ein Kasten von Reh, gewickelt in Feist und Doppeldecke mit weißen Flecken an den Seiten, Vorschlag und Läufen. Beim Aufladen fand ich mitten am Weg vor der geöffneten Heckklappe als Draufgabe die gut vereckte Abwurfstange des Hausbockes.

Zwischen Weihnacht und Dreikönig

Seit meiner frühesten Jugend waren die Tage zwischen Weihnachten und Neujahr Jagdtage, die mit der traditionellen Silvesterjagd endeten, sich aber oft auch noch bis Dreikönig hin erstreckten.

Die Silvesterjagd war gewissermaßen der Abschluss der seinerzeit zahlreichen Treibjagden, und bestand aus mehreren Rieglern auf steilen Leiten mit etwa fünfzehn bis zwanzig Schützen. Leider wurde auch diese Treibjagd am „Altjahrtag“ wegrationalisiert, die Strecke deckte meist nicht einmal die Treiberlöhne ab. Inzwischen hat sich auch schon gezeigt, dass die ersatzweise Einführung von Ansitztagen auch nicht die Lösung darstellt.

In jenem Jahr begannen diese stimmungsvollen Jagdtage genau an einem Montag. Etwas Wehmut lag ebenso in ihnen wie die Hoffnung, den Rehabschuss doch noch zustande zu bringen. Nachdem es am Stefanitag heftigen Schneefall gab, brachte der folgende Hanstag kaltes, stürmisches und eher unfreundliches Winterwetter. Auf der Fahrt zum Mittagessen ins Dorf gelang mir als Einstimmung und als Auftakt ein guter Kugelschuss auf eine Krähe im tief verschneiten Wirrgeäst eines alten Mostbirnbaumes. Am Nachmittag sollte es dann laut Absprache mit dem Jagdleiter zunächst auf eine Geiß mit schwerem Durchfall, die schon dreimal beschossen worden war, gehen. Viel versprach ich mir bei diesem Wetter nicht. Ich sollte auf der heuer neu errichteten Kanzel des Jagdleiters beim „Kesselmeixner“ sitzen.

Das Anwesen befand sich in einem großen, aus einer Berglehne herausgeschnittenen Halbkessel von etwa fünf- bis sechshundert Metern Durchmesser, der in der Mitte von einem kleinen busch- und baumbestandenen Graben (einem sogenannten „Strangl“) geteilt wurde. Die Flächen wurden größtenteils als Weiden und zum kleineren Teil als Mähwiesen genutzt, während früher hier, wie überall in dieser Gegend, intensiver Ackerbau betrieben worden war, wovon die am Fuß der Hänge und Mulden verlaufenden Ackerraine zeugten, auf denen verwilderte Obstbäume wuchsen. Die Weideflächen waren bereits stark von Gebüsch durchsetzt. Esche, Ahorn und Hasel begleiteten die alten Karrenwege. In und an den Graberln standen hölzerne Wassertröge für die Viehtränke – oftmals ganze Generationen in verschiedenen Vermoderungsstadien. Der nach Osten sich öffnende Kessel war von dunklem Hochwald umgeben.

Im obersten Teil, etwas unter dem Hauptkamm vom Almwind geschützt, befand sich die Hofstelle mit Haus, Stadl, Schuppen, Bienenhütte und Hausgarten, überschattet von der jahrhundertealten, alles bekrönenden Hauslinde. Der museal anmutende Hof, wie er hier in der nördlichen Weststeiermark einst überall zu finden war, trug den von dieser Landschaftsform abgeleiteten Vulgonamen „Kesselmeixner".

Bis vor kurzem waren die Dächer noch schindelgedeckt, alle sonnengebräunten Holzteile erhoben sich auf bruchsteinernen Unterbauten. Die Dächer des Stadels waren gegen die Wind- und Wetterseite tief heruntergewalmt und abgeschleppt. Das Wohnhaus war mit dem typisch weststeirischen Stufengiebel, einem Gangel und einer Wiederkehr ausgestattet. Die Teile des Hofes schlossen sich, dem Gelände angepasst, zu einer harmonischen Einheit zusammen. Man war versucht zu meinen, so habe sich auch das Bauernleben in den letzten Jahrhunderten hier abgespielt.

Dieser Kessel umfasste einst die gesamte Welt einer Bauernfamilie. Nun wurde dieser Grund von einem alleinstehenden Bauern unter schwierigsten Umständen bewirtschaftet. Die Frage „Wie lange wohl noch?" hing in der Luft.

Gleich hinter dem Stadl begann der fast ebene Weg zur Kanzel, zuerst über eine kleine Wiese – ehemals das „Hausackerl" – dann durch das erwähnte Waldstrangerl, an dessen Rand die neue Kanzel mit weitem Ausblick stand.

Aus dem Wald herauskommend, sah ich einen starken Fuchs am gegenüberliegenden Krammetriegel – um drei Uhr nachmit-

Die Hofstelle vom „Kesselmeixner" mit Haus, Stadl, Schuppen, Bienenhü.

und Hausgarten, überschattet von der alles bekrönenden Hauslinde.

tags, völlig unerwartet – im Schnee mausen. Mit zwei Mänteln und Bartwisch zum Schneekehren, Gewehr, Rucksack und Bergstock bepackt, lief ich zur Kanzel, die Leiter hinauf, riss den Rucksack mit dem Sitzpolster herunter, warf den Mantel über die Brüstung und brachte den Schuss auf die große Distanz völlig überhudelt an. Gefehlt ging der Fuchs ab. Es wäre kein Grund zu dieser Hast gewesen, denn er musste schon lange dort gemaust haben, wie die vielen Spuren im Schnee später zeigten. Schade.

Nun erst richtete ich mich auf den kühlen Ansitz auf der Kanzel ein und kam dazu, die ernste, tiefwinterliche Landschaft in mich aufzunehmen. Bis zum Abend kamen noch sechs Rehe, aber leider nicht die Durchfallgeiß. Damit war aber auch schon die Örtlichkeit für das jagdliche Geschehen der nächsten Tage endgültig festgelegt. Hier war ich dann täglich zwei- bis dreimal, nämlich in der Früh, am Nachmittag und – da es aufklarte und gerade Vollmond war – auch in der Nacht. Zwischen Nachmittags- und Nachtansitz gönnte ich mir jeweils ein bis zwei Stunden Pause zum Aufwärmen in der Hütte.

Der nächste Tag brachte empfindliche Kälte. Am Frühansitz zeigte sich nur ein Bock, der abgeworfen hatte, am frühen Nachmittag jedoch saß plötzlich wieder der Fuchs drüben im Schnee am Damm bei den Zwetschkenbäumen. Bis ich bereit war, zog er bereits weiter in die Mulde hinunter, wobei ich einmal gut drauf war, den Schuss aber nicht loswurde. Er zog weiter bis zu den Apfelbäumen unter mir, wo er anscheinend Wind bekam und flüchtig abging.

Meine sechs Rehe kannte ich bald gut, zwei „ledige" Kitze waren dabei, auf die ich mich, nachdem die Durchfallgeiß sich nicht sehen ließ, konzentrierte. Drei Rehe kamen noch an diesem Nachmittag, aber nicht das Richtige. Der Nachtansitz bei Vollmond dauerte von halb acht bis elf Uhr. Rehe kamen und gingen, zwei Nachtgreife streiften gleitend die Hänge ab. Um neun Uhr kam der Fuchs nun im gleisenden Mondlicht rechts unter mir auf vierzig Schritt aus dem Strangl herüber. Ich fuhr mit der alten Bockbüchse auf der mantelgepolsterten Brüstung mit dem gemächlich schnürenden Fuchs mit, murmelte „Weidmannsdank“ in mich hinein – so sicher fühlte ich mich – und zog durch. Aber es machte nur „dak“, und der Schuss brach nicht. Der Fuchs hörte dies nicht und zog vertraut weiter. Da es aber schon zu weit für einen Schrotschuss war, nahm ich den Blockstutzen mit der kleinen Kugel aus der Ecke, doch ein Geräusch beim Auflegen nahm er wahr – und weg war er.

Der Büchsenmacher am nächsten Tag meinte, die Patronen wären zu alt, eine neue, probehalber abgefeuert, ging einwandfrei los. Doch auch die alten gingen noch los, wie ich später selbst ausprobierte. Es wollte halt nicht sein!

Am Mittwochnachmittag kamen zwei Rehe, die sich leider erst zu spät als die „ledigen“ Kitze herausstellten. Als ich in der Dämmerung zur „Nachtschicht“ auf die Leiter stieg, krachte es in der Nähe beim Jagdleiter bereits, und als ich richtig eingemummt war im Ansitzsack für die nächsten fünf Stunden, kam er mich schon holen zum „Hirschziagn“: Er hatte hier bei uns, in der rotwildfreien Zone, einen schwachen Jährlingsspießer geschossen.

Am Donnerstag zeigten sich am Nachmittag insgesamt fünf Rehe, die Kitze kamen spät und blieben so lange unter den deckenden Kronen der Apfelbäume, dass kein Schuss mehr möglich war. Mit der Zeit zog es langsam zu, und es wurde wärmer, so dass ich sogar einnickte und heimgehen musste.

Damit war auch schon der Silvestertag gekommen, es war mild, es taute, der Schnee war weich. Es kam keine rechte Stimmung auf. Ich machte mich zu einer Pirsch über Mittag in einen anderen Revierteil auf und pirschte einen ebenen Weg über den sonnseitigen Hang Schritt für Schritt im weichen lautlosen Schnee. Verwachsene Hutweiden, Böschenflächen, ausgeplünderter Wald und Blößen wechselten ab. Auf einer mit Brombeeren bestandenen Windbruchblöße standen zwei Rehe halbschräg zu mir auf hundertzwanzig Schritte – zwei Geißen, eine hatte mich schon eräugt, sie sah schäbig aus, passte also. Frei über den Bergstock wackelte ich mehrmals über das ganze Reh hinweg, bis ich doch im richtigen Augenblick abdrückte. Mit gutem Zeichen war das Stück sofort verschwunden. Das andere Stück sprang schreckend ab. Ich freute mich über den gelungenen Schuss und stieg gleich den steilen Hang schräg hinauf. Doch soviel ich auch suchte hinter den diversen Wurzelkörpern, ich fand sie nicht. Völlig verunsichert stieg ich wieder zurück hinab, um den Anschuss genau festzustellen – da lag sie am Weg, keine fünfzig Schritte von meinem Standort entfernt. Sie war, während ich aufgestiegen war, in einer alten Holzriese, in die sie nach dem Schuss hineingestürzt war, heruntergerutscht. Bequem zog ich sie den ebenen Weg zurück herüber in den Hof.

Am Nachmittag war ich aber wieder auf meiner Kanzel. Einen weiten Ausblick übers Revier hatte ich von hier: Da standen rundum die dunklen Waldkögel mit den an sie geschmiegten Bauernanwesen. Es tropfte vom Kanzeldach, bleigrau war der Himmel, die Weihnachtswoche und der Silvestertag waren im Ausklingen. Der letzte Abend des Jahres brach an. Schon jetzt krachten Silvesterschüsse und Böller störend in der beginnenden Dämmerung. Der Schnee war durch Sturm und Tauwetter größtenteils von den Bäumen herunten, dunkel stand der Nadelwald gegen die weißen Schneefelder der Weiden und Wiesen. Es dämmerte bereits, als die zwei Kitze vom Eck des Krammetriegels herunterkamen, um gleich übers Graberl zu den Apfelbäumen zu ziehen, doch gleich sprangen sie wieder ab – sie hörten ein anderes Reh kommen, doch auch dieses sprang ab, weil ein weiteres von rechts kam. Welches es ist, konnte ich nicht mehr feststellen, und so blieben sie für dieses Jahr über. Doch auf den Fuchs würde ich im Jänner noch oft gehen, den Aufbruch des Hirsches hatte er schon gut angenommen.

Der Ansitz am Nachmittag des stürmischen und regnerischen Neujahrtages brachte nichts. Am Abend gab es geröstetes Hirn mit Ei, zubereitet am Hüttenherd, mit einem guten Achterl. Seit die Wildbrethändler das Wild nur mehr ohne Haupt nehmen – was natürlich nichts anderes als eine weitere versteckte Preisreduktion darstellt – fallen die Häupter an. Der Unterkiefer muss ohnehin zur Vorlage herausgenommen werden. Dabei kann man

Die Geiß vom Silvestertag, die ich bequem auf dem Weg zum Hof ziehen konnte.

gleichzeitig auch das Hirn herausnehmen. Der Rest des so verwerteten Hauptes kommt auf den Luderplatz, und so ist der Ökokreislauf geschlossen.

Der Vollmond war vorbei, und so saß ich die nächsten Tage meist nachmittags auf der Kanzel und passte – vergeblich – auf meinen Fuchs. Oft hörte ich ihn im Graben bei Anbruch der Dunkelheit raunzen, doch ich sah ihn nicht mehr. Bis zum Dreikönigtag ging ich tagsüber Salz austragen, Luderplätze beschicken, Fuchs reizen, Baue kontrollieren oder Hochwild ausspüren.

Als ich am warmen, föhnigen und unfreundlichen Dreikönigtag nachmittags zur Kanzel kam, stand schon ein Reh unten bei den Apfelbäumen, ich beachtete es aber aufgrund der Schonzeit gar nicht. Erst nach geraumer Zeit, nachdem ich es mir bequem gemacht hatte, schaute ich es – eher aus Langweile – mit dem Feldstecher an. Es durchfuhr mich – die „Durchfallgeiß“, derentwegen der Dauer-Ansitz hier begonnen hatte.

Jetzt, nach vierzehn Tagen, stand sie da und inzwischen war Schonzeit. Es dauerte wiederum geraume Zeit, bis es mir klar wurde, dass ich trotzdem schießen musste. Ich führte wieder die alte Bockbüchsflinte, des Fuchses wegen. Der Wildkörper zeichnete sich gut ab auf dem Schneehintergrund, nahm sich aber sehr klein im ungewohnten vierfachen Zielfernrohr aus. Trotzdem – das Reh zeichnete gut und lag sofort. Ich freute mich über den guten Schuss mit meinem schönen Erbstück mit dem veralteten Kugelkaliber. Ein echter Hegeabschuss – die Geiß war zehn Jahre alt und zehn Kilo schwer. Das war die nun doch erfolgreiche Abschlusspirsch der Weihnachts- und Neujahrstage und des vierzehntägigen Ansitzes auf der neuen Kanzel.

Unsere Waldgams

Es gibt in der Steiermark – auch in den mittleren und südlichen Landesteilen – zahlreiche Inselvorkommen von Waldgamswild, von Wildon bis aufs Rennfeld, von der Raab-Weiz-Klamm bis zum Pleschkogel.

Im Grazer Bergland haben wir es mit einer Inselpopulation auf den sogenannten „drei Tausendern“, dem Plesch-, Walz- und Mühlbachkogel, zu tun. Innerhalb dieses Bergstocks kann man ein deutliches Kerngebiet im Stift Rein'schen Revier und Randgebiete in den angrenzenden Revieren, zu dem auch unser Gemeindejagdrevier zählt, feststellen.

Unser „Gamsgebirg“ umfasste im Wesentlichen die Gebiete des „Grabenwarter-Kogels“, der gegenüberliegenden „Krügl-Leiten“, der „Kalbacher-Leiten“ und dem „Mathehansl-Felsen“ bis zum „Ronner-Kogel“. Lange Zeit waren jährlich zwei Stück Gamswild (Bock und Geiß der Jugendklasse) frei, wovon meist eines erlegt wurde. Wenn bei uns von „Gams“ schlechthin die Rede war, so war damit ein Bock der Jugendklasse gemeint. Unsere Gams waren in der Regel junge Böcke, denn jene müssen vom Stammstock auswandern und besiedeln dann die nächsten leeren Lebensräume. Eine einzige Ausnahme gab es, über die ich noch berichten werde. Es gibt und gab viele Jagdpächter in der Gemeindejagd Gschnaidt, welche nie eine Gams erlegt haben, andere wieder, welche den Reiz der Seltenheit gesucht und sich mit Erfolg darauf verlegt haben.

Erst seit der Sturmkatastrophe „Paula“ im Jahre 2008, von der das nördliche Grazer Bergland und im Besonderen die Stiftswälder sehr stark betroffen waren und der dort infolgedessen nicht mehr vorhandenen Einstände hat sich der Gamsbestand zu Ungunsten des Stiftes stark in die umgebenden Reviere verlagert. So auch in unsere Gemeindejagd, wo ab diesem Zeitpunkt nicht mehr nur Einzelstücke wie bisher „Auswanderer“ und meist Böcke vorkamen, sondern auch kleinere und größere Rudel als Standwild. Seit ca. 2010 sind wir sogar Teil einer überregionalen Gamswildgemeinschaft. Ursprünglich war der Gamsabschuss in unserem Revier für jeden Pächter frei, nun wird ein- und aufgeteilt.

Der Gamsbock vom Thomaloch

Das Thomaloch ist eine kleine Höhle im felsgekrönten oberen Abschluss der „Krügl-Leiten“ (auf S. 64 beschrieben), benannt nach einem Thomas, der in dieser verblieben sein soll. Unterhalb dieser Felskrone gab es einen neuen, steil abfallenden Schlag, der bis zu einer Forststraße reichte, rechts davon einen alten, schon zugewachsenen Schlag und links Buchen-Fichten-Stangenholz. Um an diesen guten Schlag von oben heranzukommen, war es notwendig, ein Sitzerl über den Felsabstürzen oberhalb vom Schlag zu bauen. Der Zugang zu ihm führte von oben herunter zwischen den Felspartien über steile Steigstrecken und Leitern mit Handläufen und Haltestangen, vorbei am unergründlichen Thomaloch. Echt gefährlich war dieser Zugang bei Schnee und Eis. So war dieser Schlag – ein Neuschlag zieht Gamswild bekanntlich magnetisch an – sowohl von unten als auch von oben bejagbar.

Das Sitzerl über den Felsabstürzen oberhalb vom Schlag

Der steile Zugang zum Bodensitz mit Leitern und Haltestangen

Schon im Juli hatte ich hier auf diesem Schlag ein Gespann aus Gamsbock und Jahrling entdeckt. Unsere Waldgams sind nicht so standorttreu wie etwa Rehe, sie ziehen vielmehr rund um die Bergstöcke herum und kommen daher eher in größeren Intervallen, um einige Tage oder Wochen zu verbleiben. Inzwischen war der Höhepunkt des Jagdjahres, die Rehbrunft in vollem Gange, trotzdem durfte ich die Gams nicht aus den Augen verlieren, denn wer sie hat, der hat sie, und so musste ich das Gamsjagern so nebenbei und tagsüber betreiben. Aber das ist ja gerade das Schöne am Gamsjagern, dass man den ganzen Tag jagen kann.

Es war später Vormittag, als ich die Leitern und den ausgeputzten Steig hinunterturnte zum Thomaloch-Sitzerl. Die Augusthitze lastete bereits schwül auf dem Tag, die aufsteigende Luft waberte und flimmerte an den kaminartigen Felspartien. Der junge Schlag unter mir war schon schön verkrautet, aber immer noch – insbesondere von oben – gut einsichtig. Ich entdeckte den Jahrling am Rand an einer Felskante niedergetan, da konnte der Bock nicht weit sein! Ich richtete es mir bequem ein und dachte: „Es ist nur eine Frage der Zeit, bis er und hoffentlich mit ihm der Bock aufsteht.“ Nebel stiegen aus dem dunklen Graben nach dem gestrigen Regentag. Die Betrachtung dieses Spiels war beruhigend, und ich hatte viel Zeit vor mir.

Da wurde ein Häuptl hinter der Kante sichtbar – der Bock wurde hoch, streckte und dehnte sich und zog Richtung Schlag herüber. Da brach ein Schuss von unten herauf – es flogen die Fetzen und es hallte in den Felswänden. Ich saß da völlig frei oben, gelähmt vor Schrecken und Entsetzen starrte ich hinunter. Da kamen beide Gams gesund den Schlag schneidig querend herauf gegen den alten, verwachsenen Schlagrand. Sie lösten augenblicklich meine Schockstarre und ich konnte den Bock genau ansprechen. Vor dem alten Schlag machte er ein Haberl, und schon stand das Fadenkreuz am Blatt und der Schuss brach. Der Bock zog zeichnend in den alten Schlag hinein, der Jahrling trat an seine Stelle – hoffentlich schoss der andere Jäger von unten nicht auf ihn. Der alte Schlag war von oben gerade noch ein bisschen einzusehen, und der von mir beschossene Bock zog nun gerade hinüber, stellte sich auf ein Felsköpferl und verhoffte hinunter. Ich wusste ja nicht, wo mein Schuss saß und musste einen zweiten Schuss abgeben. Danach rollte er seitlich hinunter und der Jahrling stellte sich treu zu ihm. Ein herzzerreißendes Bild. Jetzt erst schüttelte es mich richtig durch, ich war unfähig, auch nur die Rucksackschnur zu lösen. Mir wurde die unglaubliche Tragweite dieses „Duells" bewusst. Die drei Schüsse waren natürlich innerhalb weniger Augenblicke gefallen. Der nächstgelegene Bauer meinte, „der Krieg sei ausgebrochen", wie er später einmal erzählte. Nachdem ich einige kräftige Beruhigungsschlucke getan hatte, stieg ganz unten eine Gestalt aus dem Dunkel eines Prügelhaufens. Ich erkannte ihn erst, als er den Weg heraufkam, als einen Mitpächter. Da winkte ich hinunter mit dem Zuruf: „Der gehört schon mir!"

Langsam stieg ich dann, alles zurücklassend, zwischen den Wänden hinunter in den noch nassen Schlag und stand immer noch zitternd vor meinem Gamsbock in der sommerlichen rotbraunen Zeichnung mit schwarzem Aalstreif und markanten Zügen. Nicht lange konnte ich mich meiner Betrachtung hingeben, denn mein „Rivale“ war bleich im Gesicht und wortlos bei mir heroben angekommen. Es war keine sehr herzliche Begegnung, doch meine zwei Schüsse sprachen eine eindeutige Sprache. Beide Einschüsse lagen im Abstand von 5 cm Hochblatt auf der linken, mir zugekehrten Seite, sonst war nichts zu finden. Auf welches Stück der Jagdkollege überhaupt geschossen hatte, bekam ich nicht heraus. Wir gingen ziemlich wortkarg auseinander, ich stieg noch immer geschockt zurück hinauf, er ging hinüber auf den Grabenwarterkogel, von wo aus er die Gams gesehen hatte und gekommen war.

Ich freute mich nun doppelt, dass der Gamsbock doch mir vergönnt war. Nach einer langen und glücklichen, aber auch bedenklichen Totenwache versorgte ich ihn am unteren Schlagrand, um ihn später mit dem Auto abzuholen.

Die Gams sind da

Stefanitag – es lag mehr als knietiefer Neuschnee –, und natürlich ging ich Ausspüren in unserem „Gamsgebirg“. Sogleich umfing mich die faszinierende, wie in sich selbst ruhende Winterlandschaft mit all ihren Facetten. Diese Wirkung begann schon tags zuvor mit dem leisen Flockenfall.

Der Schnee verzaubert und verwandelt die Welt, die Landschaft, das Revier verwandelt sich. Stille und Weite werden spürbar, alles wirkt abgeklärt und beruhigend. Die Schneedecke überzeichnet die Formen und Figuren und vereinfacht sie auf das Wesentliche, störende Einzelheiten und Kleinigkeiten verschwinden. Die Formen der Gebäude werden weich und sanft, Kanten und Ecken verschwimmen und verschwinden. Die Frische, die Reinheit und Unberührtheit der jungfräulichen Landschaft, in die man seine Spur ziehen darf, wirkt auf alle Sinne und das Gemüt. Die Schritte sind gedämpft, die Luft ist gereinigt, der Atem frisch! Dazu kommen die rein jagdpraktischen Gründe: das aufgeschlagene Fährtenbuch, der gedämpfte Pirschschritt, der bester Hintergrund für das Erspähen und den Schuss, die leichte Nachsuche, all das bringt uns dem Wild einen großen Schritt näher.

Während dieses schönen, aber nicht unbeschwerlichen Pirschtages stieß ich in allen Bereichen des weitläufigen, vielgliedrigen „Gamsgebirges“ auf viele frische Fährten – die Gams waren da!

Mit dem Jagdleiter Hans und seinem Bruder Edi, ein guter Jagdfreund von mir, vereinbarten wir, es am nächsten Tag mit kleinen Rieglern in diesem Gebiet zu versuchen. Abwechselnd stellten sich jeweils zwei vor und einer ging großräumig durch. Oftmals querten Gamsfährten meine gestrigen Spuren, das Unternehmen blieb erfolglos. So wurde es Mittag und wir fuhren müde heimwärts.

Auf der Höhe oben blitzte es in mir auf: „Zum Thomaloch schauen wäre auch noch gut." Beide waren einverstanden und warteten im Auto, während ich den versicherten Leitersteig, von dem ich bei den Schneemassen ohnehin nicht viel sah, hinunterrodelte. Von der letzten Leiter vor dem Sitzerl sah ich links im Buchenwald eine Gams breit stehen. An die Leiter gelehnt, halb im Schnee liegend, schoss ich sofort. Die Gams zog langsam – wie schwer krank auf den Schlag herüber, querte diesen auf dem Felsbandl, wo ich – nun bereits vom Sitzerl aus – den zweiten Schuss antragen konnte, der die Gams über die Kante hinunterwarf. Ich eilte zurück hinauf, wo die beiden Jagdkollegen schon fragend standen – den Schuss hatten sie im Auto gehört.

Keiner von uns Dreien konnte es fassen, was in dieser kurzen Zeitspanne geschehen war. Ich wusste nicht, auf was ich geschossen hatte – Hauptsache, wir hatten eine Gams, nach zwei Tagen im Tiefschnee und vor dem Jahresende. Nach kurzer Beratung nahm Hans alle Waffen und Utensilien an sich und umfuhr die „Krügl-Leiten", um am Hochsitz am unteren Rand auf etwaiges weiteres Wild vorzupassen. Wie richtig und wichtig diese Entscheidung war, zeigte sich sofort bei der Nachsuche: Edi und ich arbeiteten uns hinunter, bauchtief im Schnee, zuerst zum Anschuss, wo jedoch nur sehr viel langes Schnitthaar, aber kein Schweiß zum Vorschein kam, was zu leichter Beklemmung bei mir führte. Wir folgten der Fährte, und am Felsbandl leuchtete schon von weitem Schweiß. Unterhalb lag die Gams im Schneebett. Drei weitere Gams wurden während der Nachsuche sichtbar. Vielleicht kamen sie noch am fünfhundert Meter weiter vorne liegenden Hochsitz an der Wegkreuzung vorbei. Edi zog meine Gams die Leiten schräg hinaus, ich folgte und beobachtete die Trophäe zunächst gar nicht, wusste ich doch, was für – meist junge – Böcke wir haben, obwohl Edi schon ganz bedeutungsvoll zurückblickte und zählte. Es war ein gut verpechter niedriger Einserbock – ein sogenannter „Durchschwindler" – übrigens mein einziger dieser Klasse. Schwach gehakelt, ein Hakel abgebrochen, niedrig, acht Jahre, aber mit sehr gutem Bart. Herz, was

begehrst du mehr? Edi war außer sich, er hatte noch keine Gams erlegt. Er zog ihn mir am Strickel bis zur Straße, wo Hans uns schon am Hochsitz erwartete. Sein Erstaunen war grenzenlos, freudig und neidlos sein „Weidmannsheil".

Im Absturz hatte der Bock aus einem großen Efeubusch einen Ast abgerissen und mit hinuntergenommen, ihn bekam er als letzten Bissen und die zweite Hälfte steckte ich als Bruch auf meinen Hut. Hans blieb am Hochsitz auf eines der anderen

Ein gut verpechter, niedriger Einserbock

Stücke sitzen, wir zogen den Bock weiter bis zum Wagen und fuhren die ganze Strecke zurück mit Station beim „Ambrosbauer", der die Schüsse wie immer gehört hatte; ein Vorbeifahren wäre sträflich gewesen. Wir nahmen das erste Essen dieses Tages zu uns und viel Weihnachtsgebäck. Dann weiter zur Wildsammelstelle, wo ich fachgerecht den Bart rupfte, während Edi in der Dämmerung Hans abholte, um schließlich am Feuerwehrball beim Dorfwirt weiterzufeiern.

Die Einsergeiß

Am Abend nach Ansitzjagd und Streckenlegung nahm mich mein Jagdfreund, der auch teilgenommen und seinen Stand am Spindlbaumhochsitz beim „Goaßler“ hatte, beiseite und schilderte mir geheimnisvoll, er habe einen Gamsbock gesehen. Über die ganze Brache sei er herübergewechselt, bis auf dreißig Schritt herangekommen und neben dem Hochsitz verschwunden. Dieser für unser Revier immerhin nicht alltägliche aufregende Bericht änderte und bestimmte natürlich meine Pirsch- und jagdlichen Pläne für den nächsten Tag, einem nassen, nebeligen und düsteren Spätnovembertag, der für die Jahreszeit viel zu warm war. Es wurde gar nicht so richtig hell, man hätte auch meinen können, es wäre die Dämmerung des ausklingenden Jahres. Der Laubfall hatte in diesem Jahr sehr spät eingesetzt, war aber nun abgeschlossen. Die Färbung des Waldes war bis auf die noch flammenden Lärchen zwischen den dunkeldüsteren Fichten vorbei. Bleibt der Nebel oder würde er sich später heben? Eine Frage, die ich mir an diesem Morgen vor einer so weiten, in den entlegensten Revierteil führenden Pirsch stellte, die aber vorerst unbeantwortet bleiben musste. Trotzdem musste ich den Pirschgang bei diesen vielversprechenden Aussichten in Angriff nehmen.

Mein Weg führte mich vom „Lochschuster-Graben“ vorbei an der ehemaligen Hofstelle über die dahinterliegenden, vielgliedrigen und ob des nassen Jahres huftief aufgetretenen Weideflächen mit den uralten Schneiteleschen, die ihre kahlen Äste in den nebelig diesigen Himmel reckten, bis zum Hochsitz am oberen Ende des muldenförmig auslaufenden kleinen Wassergrabens.

Da saß ich nun auf meinem Spindelbaumhochsitz und überblickte rundum die Weideflächen und offenen Waldränder im „Dreiländereck“, gebildet aus den jeweils kaum hundert Schritte entfernt liegenden Grenzen von zwei Eigen- und einer Gemeindejagd. Heute führt ein befahrbarer Wiesenweg herauf und am

Hochsitz vorbei in den dahinterliegenden Wald. Zur Erbauungszeit in den Neunzigerjahren mussten wir noch das Holz an Ort und Stelle gewinnen bzw. herauftragen.

Seit ich vor mehr als einem halben Jahrhundert „strafweise“ in diesen Revierteil verbannt worden war, bejagte ich ihn und hatte dabei ein einziges Mal Gamswild gesehen, der Bauer und Besitzer allerdings vor Jahresfrist sogar ein großes Rudel. Ein Anblick war also durchaus möglich, insbesondere auch im Hinblick auf die Änderungen im Verhalten unserer Gamspopulation nach der Sturmkatastrophe „Paula“. Die Nebelgrenze hatte sich inzwischen gehoben und lag nun gerade über mir an den Waldrändern.

So mochten wohl an die anderthalb Stunden vergangen sein, locker und hoffnungsvoll erfreute ich mich an der nebelig trüben, zur Jahreszeit passenden Stimmung, als ich plötzlich das Gefühl hatte, angeschaut zu werden. Ich glaube, dieses Gefühl, „von jemandem angeschaut zu werden“ kennt jeder Mensch – und reagiert darauf ebenfalls mit Hinschauen. So entdeckte ich im Staudengewirr links hinten, oberhalb des Weges auf fünfzig Schritt ein Gamshäuptl – starr auf mich her verhoffend. Das Fernglas zu heben und an die Augen zu bringen war schon zu viel – und weg war es. Allerdings sprangen zwei Stück im Bruchholz-, Stauden- und Astgewirr ab. So viel konnte ich aber trotzdem noch erkennen, dass das eine Stück niedrige Kruken hatte und von eher grauer Färbung und schwach war, das zweite eng und hoch aufhatte und tiefschwarz war.

Ich habe oft schon erlebt, dass altes, erfahrenes Schalenwild jeglicher Art sofort auf den jeweiligen Hochsitz verhofft – Erfahrung und Lernfähigkeit ist eben alles! Überrascht und enttäuscht, wie überrumpelt fühlte ich mich, kam aber gar nicht weiter zum Nachdenken oder Grübeln, denn das graue Stück kam am Weg neugierig zurück zu mir her. Ich kam auf dreißig Schritt gut am Stich ab. Es reagierte mit hoher Flucht ins steile Graberl hinunter und verblieb in Sichtweite. Das Gamshäuptl leuchtete mit seinen samtigen gelben Zügen, der Kehle und der Innenseite der Lauscher herauf – die momentane Erfüllung aller Wünsche.

Nun war Zeit zum Durchschnaufen und zum Beruhigen, um sich den in blitzartiger Schnelle erfolgten Ablauf des Geschehens zu vergegenwärtigen. Doch ich kam nicht dazu, darüber nachzudenken, denn schon ging es weiter:

Das zweite Stück kam zurück, um Fährte und Witterung aufzunehmen, das Gefallene zu umkreisen, verschwand wieder und kehrte abermals zurück – bis auf zehn Schritte an die Hochsitzleiter. Es war ein kohlrabenschwarzer Bock mit engen, hohen, bis zum Beginn der Hakelung verpechten Kruken. Erst beim zweiten Anlauf kam mir der Gedanke, den Fotoapparat aus dem Rucksack zu holen, und es gelangen mir einige interessante Aufnahmen. Obwohl der automatische Apparat bei der herrschenden Beleuchtung immer mitblitzte, ließ sich der Bock nicht abschrecken. Er wollte sich eben seine Partnerin nicht so einfach nehmen lassen.

Endlich konnte ich durchatmen – es war etwas viel auf einmal. Nun erst ließ die unglaubliche Spannung nach, klang langsam ab und machte der schönen, heilenden Entspannung Platz, einem Zustand der Freude, des Glück, des Dankes, des geistigen, unblutigen Nacherlebens des Geschehens in allen Einzelheiten. Nun hatte ich Zeit, viel Zeit, und ich genoss und erlebte sie tief und gelangte damit in den Zustand der Zeitlosigkeit – was gibt es Schöneres?

Am Stück dann war die Überraschung groß – eine sehr alte Geiß, in der Decke grau, lauscherhoch auf mit knollenartigen Verpechungen der Schläuche, Millimeterringe darunter mehr als genug. Wohin sollte ich allein die Gams nun liefern? Hinauf zum Hochsitz und dem Weg oder hinunter, zunächst bis zum Wassertrögl, hielt ich im Augenblick für das Einfachste. Hier brach ich das Stück auf, ein leuchtend grüner Efeuzweig mit Blütenstand bot sich als Bruch und letzter Bissen an, gut passend zur örtlichen Stimmung. Dann rief ich den Freund an, der es sich nicht nehmen ließ, sofort zu kommen, und so gehörte der Rest des Tages „unserer“ Gams. In vier Etappen zog ich sie am Riemen den alten Fuhrweg hinauf zum Holzplatz, in der Kehre unter der Hofstelle machte ich einige Fotos, mit schönem Blick ins Tal hinaus und dem Hintergrund des Sturmschlages des Nachbarrevieres, wo der Bock wie eine Statue noch immer auf einer Felsrippe stand und verhoffte.

Am Tag danach

Eines Tages erhielt ich die niederschmetternde, kaum auszusprechende Diagnose: Krebs, im sehr weit fortgeschrittenen Stadium, Überlebenschance dreißig Prozent. Jene Männer, die auch betroffen sind oder waren, wissen wovon ich rede, die anderen dürfen froh sein, damit nichts zu tun zu haben. Ich fiel in das berühmt-berüchtigte „schwarze Loch", all meine Pläne waren über Nacht nicht nur unwesentlich, sondern null und nichtig geworden. Nach diesem denkwürdigen Arztbesuch ging ich bewusst zu Fuß durch den Stadtpark heim. In meiner Einsamkeit war ich nur mehr auf Selbstgespräche angewiesen. Um solchen nicht sehr förderlichen Gesprächen zu entgehen, ließ mich die Vorsehung in einen zwölfstündigen Tiefschlaf verfallen – mich, der ich zeitlebens mit Schlafstörungen zu kämpfen hatte. Von zwanzig Uhr abends bis acht Uhr morgens war ich weg. Ein Phänomen – wie mir später von medizinischer Seite erklärt wurde –, das es tatsächlich gibt: Der betroffene Mensch meint, „jetzt ist ohnehin alles gleichgültig", legt in diesem Augenblick alle Sorgen, Ängste und Fragen ab, schaltet ab und kann daher schlafen. Schon Peter Rosegger wusste: „... denn übergroßes Unglück macht uns ruhig."

Dieser natürliche Tiefschlaf, anstatt einer Nacht des sinnlosen Grübelns, war der allererste Schritt nach dem Bewusstwerden, Erkennen und Erfassen der eingetretenen Situation, dem in weiterer Folge die Schritte des Annehmens, Austragens, Überwindens und schließlich der Heilung folgen sollten. Der zweite Schritt des Hinnehmens wurde mir am Tag danach geschenkt. An ihm war ein schädliches, grüblerisches, haderndes Denken durch intensive jagdliche Tätigkeit ausgeschaltet, denn der Mensch kann bekanntlich nicht mehrere Dinge gleichzeitig denken. So hat die Jagd, wie einleitend schon gesagt, wieder einmal zu meinem Überleben entscheidend beigetragen. Man möge mir diese eher ungewöhnliche Einleitung zu einer Jagdgeschichte verzeihen, denn die Verbindung zur Jagd ist so unmittelbar, dass ich sie nicht weglassen konnte.

Am Tag danach erwachte ich, wie gesagt, gegen acht Uhr – benommen und verwirrt, aber doch schon mit etwas Abstand. Und da ist mir plötzlich der Gedanke gekommen, dass ich auf Gams gehen könnte, da ja schon Anfang August und damit Schusszeit war, und außerdem war an diesem Tag mein Geburtstag.

Der Schlag unterm Thomaloch war schon zugewachsen, Jahrzehnte waren vergangen, und so blieb mir nur der Grabenwarterkogel, dort, wo mein jagdlicher Anfang stand.

Nach der Begrüßung am Hof ging ich bei schweißtreibender Hitze gleich los. Zuerst über die Schneid hinaus zu meinem Sitzerl in den Wandeln, doch auch da war alles zugewachsen. Dann hinten herum zum obersten Weg, der zum neuen Hochsitz am alten Schlagrand führte. Doch so weit kam ich gar nicht, schon vorher sah ich ein Gamshäuptl unter dem Weg. Sofort trat ich hinter die Wegrandkante zurück, der Wind stand natürlich gut herauf. Ich ließ den Wetterfleck von der Schulter gleiten, streich am Jagdstecken an und fuhr vorsichtig auf, um einen Schuss durchs Geäst hinunterzuwackeln. Da wurlte es nur so, und mehrere, vorher nicht sichtbare Stücke sprangen ab. Das beschossene aber ging heftig zeichnend weiter unten zwischen zwei Tannen nieder und blieb mit erhobenem Häuptl im Wundbett. Noch ein hastiger Fangschuss auf den Träger, und es war geschehen. Ein guter, viel zu guter junger Gamsbock zu meinem Geburtstag. Der Himmel oder die Jagdheiligen haben ihn mir geschenkt und so beigetragen, den ersten Schock, die Lähmung, die Verzweiflung und die Angst vor dem Nichts zu überwinden. Ja, für den ganzen Tag hatte ich die Diagnose vergessen und so konnte neuer Lebensmut aufkommen, denn meine Gedanken waren anderswo gebunden.

„Aber wohl noch herzeigen kommen“, beharrten die überraschten „Grabenwarter“-Leute, als ich nach einer Stunde mit dem Tannenbruch am Hut voller Freude zurückkam, um den

Mein viel zu guter junger Geburtstags-Gamsbock

Wagen zu holen. Ein Stehtisch stand schon im Hausschatten zwischen Tür und Brunnen, und eine Doppelliter-Sektflasche, welche ich im Vorjahr für den Fall der Fälle hier eingelagert hatte, wurde spontan unter echter Mitfreude der Grundbesitzer und aller, die gerade bei der Vorbereitung eines Grillfestes halfen, geleert.

Leicht illuminiert schaukelte ich zur Hütte, um mich zwischendurch zu entspannen und wie ohnmächtig fallen zu lassen, damit ich später zur nächtlichen Geburtstagsfeier wieder fit war. Ich durfte für einen weiteren Tag meine Diagnose vergessen – der Abstand war noch einmal größer geworden. Könnte dies bereits der Beginn der Heilung gewesen sein?

So hat mir die Jagd geholfen, dieses Gespenst zu überwinden und diese Zäsur durch Freude – Freude durch und über die Jagd

– zu überstehen. „Kraft durch Freude“, haben schon andere gesagt oder wie Altbischof Stecher es ausdrückt: „Freude ist das Schwungrad des Lebens.“ Freude, dieser Lebensmotor, der uns aufleben lässt, durch Freude wächst in uns Lebenskraft, Hoffnung und Dankbarkeit. Und nicht nur bei dieser Erkrankung, die mich überfallen hatte, sondern auch in vielen weiteren schweren Lebenssituationen hat mir die Jagd bei deren Bewältigung in außergewöhnlicher Weise geholfen und Mut zum Leben gegeben. Sie blieb mir immer treu, sie verlor ich nie.

Dialektausdrücke – Erklärungen

Achterl	1/8 Liter Wein
Ärcha	Ähre
Böschenkagh	siehe Kagh
Gangl, Hüttengangl, Stadlgangl	Gangl ist eine Art Balkon, eine vorgelagerte, überdachte Fläche
Grenzkagh	siehe Kagh
Büherl	Bichl, kleine, lang gestreckte Erhebung
Daterich	Jagdfieber, Zittern
Ebnerl (Böd'nl)	kleine flache Stelle, Ebene im sonst hängigen Gebiet
Fichtenkrankeln	kümmerliche Fichten
Fratte	länglicher Reisighaufen
fratten	Tätigkeit des Frattenlegens, also abgehackte Äste zu länglichen Reisighaufen zusammentragen
Geimerl	Krümel
Gräßing	kleine Fichte
Gröbl	Haufen aus Feldsteinen (Klaubsteinen)
Grummet	zweiter Schnitt (leitet sich ab vom Wort „Grünmahd")
Grummetbracherl	kleine Fläche, wo gerade Grummet wächst
Haberl	kurzes Stehenbleiben, Verhoffen (auch „Standerl", „Steherl" oder Stietzerl)
Halt	Weide
Hanstag	Johannestag (27. Dezember)
Hemadstock	Stoff vom Rücken des Hemdes (vom untersten Teil, der in der Hose steckt)
Hiefelstecken	Fichtenwipfel, deren Äste auf kurze Aststummeln abgehackt werden; Gras wird um die in den Boden gesteckten Hiefelstecken gewunden, damit es dort trocknen kann
Hube	Bezeichnung für einen kleinen landwirtschaftl. Betrieb; ursprüngl. ein Flächenmaß (so viel Acker- und Wiesenfläche, um eine Familie ernähren zu können)

Joch	Flächenmaß (ca. ½ Hektar)
Kagh	früher Feldstücksgrenzen (beim Pflügen des Feldes kamen Steine zum Vorschein, diese wurden zusammengeklaubt und am Feldrand abgelegt, auf diesen Streifen wuchsen Gebüsch und Bäume)
Keusche, Keuscherl	kleines Haus ohne eigenen Grund, früher Unterkunft für Tagelöhner oder Holzknechte bzw. Kleinstlandwirtschaft (1 Kuh, 2 Schweine)
Klaft (klaftgelb)	Klappertopf, gelb blühende Wiesenblume
Kranawettstauden	Wacholderbüsche
Lege	einfache Form eines Weidezauntores in Form von vorgelegten Stangen zwischen 2 Säulen
Maria Lichtmess, Lichtmesstag	2. Februar
niedergeknotzt	zusammengedrückt, platt gedrückt
Riegel	Erhebung in der Landschaft, hügelähnlich lang gezogener Rücken
Sautratte	Auslauf für Schweine im Anschluss an den Stall
schlieft	schlüpft
Schlüatl	kleiner muldiger Graben
Schneitelesche	Früher wurden Äste v. a. von Eschen abgeschnitten, das Laub wurde getrocknet und diente als Futter für Rinder. Eine derart „beschnittene“ Esche wurde als Schneitelesche bezeichnet.
Stefanitag	Stephanstag (26. Dezember)
Steig, Steigerl	Pfad, kleiner Weg
Stifteln	Malerfedern an der Kante der Schwinge (Trophäe von Schnepfen)
Tennbrücke	Brücke zur meist höhergelegenen Einfahrt in den Stadl
Wiederkehr	ein „wiederkehrendes“ Dach, auch „Ixe“ genannt
„wilde Gjoja“	Wilde Jagd (aus der germanischen Mythologie)
zach	zäh, langsam
zusammenfahren	zielen, „ins Ziel fahren“

Aus unserem Programm

ISBN 978-3-7020-1821-4

Leopold Stocker Verlag
Graz – Stuttgart
www.stocker-verlag.com

Aus unserem Programm

ISBN 978-3-7020-1886-3

Leopold Stocker Verlag
Graz – Stuttgart
www.stocker-verlag.com

Aus unserem Programm

ISBN 978-3-7020-1892-4

Leopold Stocker Verlag
Graz – Stuttgart
www.stocker-verlag.com